Farouk Abidi

Effet de la qualité de la lumière sur l'architecture du rosier-buisson

Farouk Abidi

Effet de la qualité de la lumière sur l'architecture du rosier-buisson

Qualité de lumière et architecture du rosier

Presses Académiques Francophones

Impressum / Mentions légales
Bibliografische Information der Deutschen Nationalbibliothek: Die Deutsche Nationalbibliothek verzeichnet diese Publikation in der Deutschen Nationalbibliografie; detaillierte bibliografische Daten sind im Internet über http://dnb.d-nb.de abrufbar.
Alle in diesem Buch genannten Marken und Produktnamen unterliegen warenzeichen-, marken- oder patentrechtlichem Schutz bzw. sind Warenzeichen oder eingetragene Warenzeichen der jeweiligen Inhaber. Die Wiedergabe von Marken, Produktnamen, Gebrauchsnamen, Handelsnamen, Warenbezeichnungen u.s.w. in diesem Werk berechtigt auch ohne besondere Kennzeichnung nicht zu der Annahme, dass solche Namen im Sinne der Warenzeichen- und Markenschutzgesetzgebung als frei zu betrachten wären und daher von jedermann benutzt werden dürften.

Information bibliographique publiée par la Deutsche Nationalbibliothek: La Deutsche Nationalbibliothek inscrit cette publication à la Deutsche Nationalbibliografie; des données bibliographiques détaillées sont disponibles sur internet à l'adresse http://dnb.d-nb.de.
Toutes marques et noms de produits mentionnés dans ce livre demeurent sous la protection des marques, des marques déposées et des brevets, et sont des marques ou des marques déposées de leurs détenteurs respectifs. L'utilisation des marques, noms de produits, noms communs, noms commerciaux, descriptions de produits, etc, même sans qu'ils soient mentionnés de façon particulière dans ce livre ne signifie en aucune façon que ces noms peuvent être utilisés sans restriction à l'égard de la législation pour la protection des marques et des marques déposées et pourraient donc être utilisés par quiconque.

Coverbild / Photo de couverture: www.ingimage.com

Verlag / Editeur:
Presses Académiques Francophones
ist ein Imprint der / est une marque déposée de
OmniScriptum GmbH & Co. KG
Heinrich-Böcking-Str. 6-8, 66121 Saarbrücken, Deutschland / Allemagne
Email: info@presses-academiques.com

Herstellung: siehe letzte Seite /
Impression: voir la dernière page
ISBN: 978-3-8416-2677-6

Copyright / Droit d'auteur © 2013 OmniScriptum GmbH & Co. KG
Alle Rechte vorbehalten. / Tous droits réservés. Saarbrücken 2013

Année 2012

N° d'ordre : 1249

EFFETS DE LA QUALITÉ DE LA LUMIERE SUR L'ELABORATION DE L'ARCHITECTURE DU ROSIER BUISSON

THÈSE DE DOCTORAT

Spécialité : Sciences agronomiques

ÉCOLE DOCTORALE VENAM

Présentée et soutenue publiquement
Le 12 Octobre 2012 à l'Université de Tunis El Manar, Tunisie par

Farouk ABIDI

Devant le jury ci-dessous :

Mme Rossitza ATANASSOVA (rapporteur), Professeur, Université de Poitiers, France
Mme Samia LIMAM BEN SAAD (rapporteur), Professeur, Université de Tunis El Manar, Tunisie
M. Anis LIMAMI (examinateur), Professeur, Université d'Angers, France
M. Didier COMBES (examinateur), Ingénieur de Recherche, INRA de Lusignan, France
Mme Héla BEN AHMED (examinateur), Maître de conférences-HDR, Université de Tunis El Manar, Tunisie

Directrices de thèse : Mme **Nathalie LEDUC**, Maître de conférences-HDR, Université d'Angers, France et Mme **Samira ASCHI-SMITI**, Professeur, Université de Tunis El Manar, Tunisie

Co-encadrante : Mme **Lydie HUCHE-THELIER**, Ingénieur de Recherche, INRA d'Angers Beaucouzé, France

IRHS, Equipe ARCH'E, UMR 1345 INRA-Université d'Angers-Agrocampus-Ouest, 42 rue Georges Morel BP 60057, 49071 Beaucouzé Cedex, France. UR d'Ecologie végétale, Faculté des Sciences de Tunis, Campus universitaire, 2092 Tunis, Tunisie.
ED495

Remerciements

Tant de personnes ont rendu possible l'avènement de ce travail qu'il m'est aujourd'hui difficile de n'en oublier aucune. Je m'excuse par avance des oublis éventuels. Au terme de ces années de doctorat et au commencement d'une nouvelle étape de vie, j'éprouve une sincère gratitude envers tous ceux qui ont participé à ce travail et que je tiens ici à remercier.

J'exprime tout d'abord toute ma reconnaissance à Madame **Nathalie Leduc**, Maître de conférences à l'Université d'Angers, France et directrice de thèse et à Madame **Lydie HUCHE-THELIER**, Ingénieur de recherche à l'INRA d'Angers, France et encadrante de thèse, qui m'ont accompagnées tout au long de ma thèse et jusqu'aux dernières corrections de ce manuscrit. Je les remercie pour leur implication dans ce travail, leurs disponibilités. Travailler à leurs cotés, m'a permis de progresser scientifiquement qu'humainement. Encore merci pour tout.

Je tiens également à remercier Madame **Samira ASCHI-SMITI**, Professeur à l'Université de Tunis El Manar, Tunisie pour son soutein.

Je suis très honorée que Mme **Rossitza ATANASSOVA**, Professeur, Université de Poitiers, France et Mme **Samia LIMAM BEN SAAD**, Professeur, Université de Tunis El Manar, Tunisie, aient accepté d'être les rapporteurs de ma thèse. Je remercie également M. **Anis LIMAMI** Professeur, Université d'Angers, France, M. **Didier COMBES**, Ingénieur de Recherche, INRA de Lusignan, France et Mme **Héla BEN AHMED**, Maître de conférences-HDR, Université de Tunis El Manar, Tunisie de l'intérêt qu'ils portent à mon travail en acceptant d'en être les examinateurs.

Je tiens également à remercier Monsieur **Vincent Guérin**, Ingénieur d'Etude à l'INRA d'Angers, France pour son accueil au sein de l'équipe Arch-E.

Odile, je te remercie pour ta bonne humeur continuelle, pour avoir toujours été optimiste par rapport à mon travail, pour ta participation joyeuse à toutes les manipulations.

Sylvie, je te remercie pour avoir dépensé beaucoup de temps et d'énergie sur le plan administratif

Je remercie également tous les membres de l'équipe IRHS pour leur accueil : **Soulaiman Sakr, Alain Vian, Rachid Boumaza, Monique Sigogne, Philippe Morel, Gérard Sintés, Gille Guillemin, Hérvé Autret, Sabine Demotes, Jessica Bertheloot, José Gentihomme, Sandrine Pelleschi-Travier, Bénédicte Dubuc et Anita Lebrec,**

Les études histologiques ont été réalisées au sein du plateau technique IMAC, avec l'aide du son responsable scientifique **Marjorie JUCHAUX,** et la plate forme technique SCIAM, à l'aide de **Guillaume MABILLEAU,** que je remercie infiniment.

Je continuerai par une pensée toute particulière à ma famille et à mes amis pour leur soutien au cours de ces années.

Sommaire

INTRODUCTION GENERALE	**7**
1. Introduction de la thèse	**8**
SYNTHESE BIBLIOGRAPHIQUE	**11**
2. L'horticulture ornementale française	**12**
2.1 La situation de la production horticole française	12
2.2 L'horticulture ornementale dans les Pays de la Loire	13
3. La qualité esthétique du végétal ornemental: critère commercial majeur	**14**
4. La rose: un modèle d'étude original	**16**
4.1 Histoire naturelle des rosiers :	16
4.2 Architecture du rosier	17
4.3 Intérêts économiques et types d'utilisation des rosiers	17
4.3.1. Les rosiers de jardin et paysagers	17
4.3.2. Les rosiers à fleurs coupées	18
4.3.3. Les potées fleuries	18
5. Techniques innovantes dans la maitrise de l'architecture des plantes.	**19**
5.1 Effet de la température	19
5.2 Effet de l'humidité relative	20
5.3 Effet de la nutrition minérale.	20
5.4 Effet de la lumière	20
6. Le développement et l'architecture finale des plantes	**21**
6.1 La division cellulaire	21
6.2 L'élongation cellulaire	22
7. Mécanismes de développement des plantes.	**22**
7.1 La photosynthèse	24
7.1.1. Les pigments photosynthétiques	24
7.1.2. Les facteurs limitant pour la photosynthèse	26
7.2 La photomorphogenèse	28
7.2.1. . Réponses contrôlées par le rapport Rc/Rs.	28
7.2.2. Réponses contrôlées par les radiations bleues.	29
8. Les photorécepteurs et la perception de la lumière par les plantes	**31**
8.1 Les phytochromes	33
8.2 Les cryptochromes	35
8.3 Les phototropines	35
8.4 La famille ZTL, FKF1, et LKP2	35
9. Voies de signalisation et mécanismes moléculaires impliquées dans la transduction du signal lumineux par les photorécepteurs.	**37**
9.1 Voies de signalisation des phytochromes.	37
9.2 Voies de signalisation des cryptochromes.	39
9.3 Voies de signalisation des phototropines	39
9.4 Les interactions entre les photorécepteurs	41

10. Questionnement et démarche scientifique   **41**
  10.1   Objectifs   43
  10.2   Stratégies   43
     10.2.1.   L'approche morphologique   43
     10.2.2.   L'approche physiologique   43
     10.2.3.   L'approche moléculaire   43

CHAPITRE I: Etude de l'effet de la lumière bleue monochromatique sur la photosynthèse et la morphogenèse du rosier   **44**

Présentation de l'étude   **45**
Abstract   **46**
1. INTRODUCTION   **47**
2. MATERIALS AND METHODS   **49**
  2.1   Plant material   49
  2.2   Climatic conditions applied in growth chambers   51
  2.3   Photosynthetic parameters   52
     2.3.1.   Gas exchange measurements   52
     2.3.2.   Pigment analysis   52
  2.4   Organogenic activity and bursting of axillary buds   52
     2.4.1.   Evaluation of shoot apical meristem (SAM) organogenesis   52
     2.4.2.   Evaluation and cartography of bud bursting   53
  2.5   Morphological characterization of the primary and secondary axes   53
     2.5.1.   Length and diameter   53
     2.5.2.   Mass production and water content   54
     2.5.3.   Leaf area (LA) and leaf mass area (LMA)   54
  2.6   Statistics analysis   54
3. RESULTS   **57**
  3.1   Effect of blue light on photosynthesis in *Rosa*   57
  3.2   Effect of blue light on Rose plant development   57
     3.2.1.   Morphological characteristics of the primary axes   57
     3.2.2.   Growth and development of secondary axes   61
     3.2.3.   Flower development   63
4. DISCUSSION   **63**
5. Conclusion   **67**

CHAPITRE II : Effet de l'absence spectre lumineux bleu sur la photosynthèse et la morphogenèse chez le rosier.   **68**

1. Introduction   **69**
2. Matériels et Méthodes   **71**
  2.1   Matériel végétal et modalités de culture   71
  2.2   Traitements lumineux   71
  2.3   Etude des paramètres morphologiques   73
     2.3.1.   Mesure de longueur des axes et des métamères   73
     2.3.2.   Mesure des poids frais et sec des métamères des axes primaires   73
     2.3.3.   Mesure de poids frais et sec des racines   73
     2.3.4.   Analyse du développement floral   74
  2.4   Suivi cinétique de l'allongement des métamères   74
  2.5   Mesure de la longueur des cellules épidermiques des métamères   76
  2.6   Etude anatomique et histologique des feuilles.   77

    2.6.1.   Fixation et déshydratation des fragments de feuilles   77
    2.6.2.   Inclusion en résine et coupes histologiques   77
    2.6.3.   Dénombrement des stomates foliaires   77
  2.7   Mesure de l'activité photosynthétique foliaire   78
    2.7.1.   Principe du Ciras 1-PP Systems   78
    2.7.2.   Dosage des pigments chlorophylliens.   78
  2.8   Analyse de l'expression de gènes candidats au sein des métamères   79
    2.8.1.   Choix des amorces et tests d'efficacité   79
    2.8.2.   Extraction d'ARN totaux   79
    2.8.3.   Réverse transcription (Production d'ADNc)   82
    2.8.4.   RT-PCR quantitative en temps réel   83
  2.9   Analyse statistique   87
3. Résultats   87
  3.1   Effets de l'absence du spectre bleu sur le développement du rosier-buisson   87
  3.2   Impact de la lumière bleue sur l'anatomie des feuilles de rosier.   91
  3.3   Impact de la lumière bleue sur l'activité photosynthétique des rosiers   93
  3.4   Effets de la quantité de flux de photons bleus sur l'élongation des entre-nœuds des axes primaires du rosier-buisson.   95
  3.5   Impact de la lumière bleue sur l'élongation cellulaire des entre-nœuds   99
  3.6   Impact de la lumière bleue sur l'activité transcriptionnelle de gènes candidats   99
4. Discussion   102
CHAPITRE III : Etude des photorécepteurs impliqués dans la photo-modulation de l'élongation des entre-nœuds en l'absence de raies bleues   108
1. Introduction   109
2. Matériel et Méthodes   110
  2.1   Matériel végétal et modalités de culture   110
  2.2   Traitements lumineux   111
  2.3   Etude de la photo-modulation de la croissance des axes chez le pois   111
    2.3.1.   Longueur des axes et des métamères   111
    2.3.2.   Poids frais et sec des métamères des axes primaires   111
    2.3.3.   Longueur des cellules épidermiques   111
  2.4   Analyse de l'expression de gènes au sein de métamères de pois.   112
  2.5   Analyse statistique   114
4. Conclusion   124
Discussion générale et perspectives   127
1. Discussion générale   128
  1.1   Effets du spectre lumineux bleu sur la croissance du rosier   133
  1.2   La lumière bleue agit-elle sur le développement des rosiers au travers d'une modulation de l'activité photosynthétique des plantes ?   134
  1.3   Identification de processus morphogénétiques impliqués dans le photo-contrôle de l'élongation des axes par la lumière bleue   135
  1.4   Quels sont les photorécepteurs qui sont impliqués dans la photo-modulation de l'élongation des tiges ?   136
2. Perspectives   140
REFERENCES BIBLIOGRAPHIQUES   143
PUBLICATION   122

INTRODUCTION GENERALE

1. Introduction de la thèse

Cette thèse a été réalisée en cotutelle entre l'Université d'Angers et l'Université de Tunis El Manar. La problématique scientifique abordée dans cette thèse s'inscrit dans le programme de recherche de l'équipe ARCH'E (Architecture et Environnement) de l'Unité Mixte de Recherche (Université-INRA-Agrocampus-Ouest) : IRHS (Institut de Recherche en Horticulture et Semences) d'Angers. Le programme scientifique de l'équipe Arch'E a pour objectif de comprendre l'impact des facteurs environnementaux, notamment la lumière, sur le débourrement des bourgeons et le gradient de ramification le long de l'axe, deux processus fondamentaux de l'architecture des plantes. Le modèle végétal utilisé est le rosier buisson. Ce programme comprend 4 axes de recherche : (i) l'analyse et l'identification des principales composantes architecturales de **la forme** du buisson adulte, (ii) la caractérisation des relations entre le rayonnement et des variables physiologiques de la plante entière (iii) l'identification des bases moléculaires du contrôle du débourrement et de la croissance des rameaux par la lumière ; (iv) la modélisation Structure-Fonction en 3D du débourrement chez le rosier buisson à l'échelle de la plante entière.

L'esthétisme est un critère de qualité important pour les plantes ornementales. Cette qualité est en relation étroite avec la forme de la plante et donc son architecture. Chez une plante ornementale, le développement d'un axe d'ordre I et de ses ramifications constitue l'unité architecturale c'est-à-dire la structure architecturale élémentaire (Barthélémy et al., 1989). Selon Morel et al. (2009), l'unité architecturale du rosier buisson est constituée de deux populations d'axes (axes longs et courts) distribués selon un chemin de ramification bien défini (les rameaux longs laissent place progressivement à des rameaux courts, majoritaires à partir du 3ème ordre de ramification). Les variations architecturales sont particulièrement intéressantes lorsqu'elles modifient la qualité esthétique de la plante. Dans ses efforts pour générer des variations architecturales et de la diversité nécessaire pour soutenir le marché, le secteur horticole améliore continuellement les caractéristiques visuelles des rosiers, en combinant deux approches :
- la création de nouvelles variétés. Cette approche est lente (en moyenne 10 ans) et coûteuse car elle exige la sélection, sur plusieurs générations, de la meilleure lignée issue du croisement sexuel, avant la multiplication à grande échelle de la nouvelle variété.

-L'amélioration des techniques culturales. Les produits chimiques tels que les nanifiants sont de plus en plus utilisés en horticulture. Toutefois, ces produits engendrent des risques lors de leur utilisation ou de leur rejet dans l'environnement. Il est alors primordial que les efforts déployés par les horticulteurs pour moduler l'architecture des plantes et conquérir les marchés se fassent sans nuire à la santé de l'homme et à son environnement. Pour cela il est nécessaire de développer des techniques culturales innovantes.

Dans cet objectif, la manipulation des facteurs de l'environnement offre des perspectives prometteuses. En effet, plusieurs travaux de recherche, menés chez des plantes ornementales telles le pétunia, le rhododendron ou l'hortensia, ont mis en évidence un impact de la nutrition azotée, de l'humidité et de la température sur le développement des plantes et sur leur architecture. La lumière est toutefois considérée comme le facteur environnemental majeur permettant de moduler l'architecture des plantes. En termes de qualité de lumière, il a été démontré que la lumière rouge ainsi que la lumière bleue sont toutes deux capables de modifier la croissance des plantes. Mais les réponses induites par la lumière bleue chez les plantes sont moins constantes que celles induites par la lumière rouge (Rajapakse et Kelly, 1995; Khattak et *al.*, 2004). En effet, ces réponses dépendent souvent de l'espèce étudiée. Même au sein d'une même espèce, la réponse des plantes à la lumière bleue peut varier selon les variétés, comme le montre Glowacka (2006) chez plusieurs variétés de tomate.

Notre travail s'est concentré sur l'impact de la lumière bleue sur l'élaboration de l'architecture du rosier buisson. Nous avons cherché d'une part, à évaluer l'effet de la lumière bleue mais aussi de son absence dans la lumière incidente sur le développement de la jeune plante. Ces effets ont été évalués à la fois sur l'activité photosynthétique des plantes mais aussi sur les processus de photomorphogénèse que la lumière bleue peut induire. Pour cela, l'assimilation chlorophyllienne des plantes mais aussi la conductance stomatique, la concentration de CO_2 intracellulaire, et les teneurs en pigments chlorophylliens ont été mesurés ainsi que de nombreux paramètres de développement tels les longueurs d'axes et de métamères, leurs nombres et poids secs, les pourcentages et profils de débourrement le long des axes, ainsi que la morphogénèse foliaire et florale. Par ailleurs et afin de mieux comprendre l'action de la lumière bleue sur la photomorphogénèse des rosiers et avancer dans la connaissance des voies de transduction du signal de cette qualité de lumière dans les phénomènes observés, nous avons étudié l'impact de ces raies sur l'expression relative de gènes impliqués dans l'expansion cellulaire des axes de rosier. Ce travail a été complété par une étude chez le pois (*Pisum sativum*, Fabacées), espèce pour laquelle nous avons montré une réponse à la lumière bleue similaire à celle du rosier et pour laquelle nous disposons de mutants de différents photorécepteurs. L'analyse du développement de ces mutants en absence de lumière bleue ainsi que l'étude de l'expression de certains gènes cibles nous a permis d'amorcer l'identification de voie de signalisation de la lumière bleue et de compléter le modèle d'action de cette lumière sur la croissance des axes de rosier.

Au-delà des connaissances fondamentales sur la signalisation de la lumière bleue dans un processus photomorphogénétique particulier, ces résultats apportent des informations qui seront utiles à la manipulation ou à la sélection de génotypes d'intérêt de rosier.

Après avoir rappelé les données bibliographiques qui ont permis d'orienter nos recherches, nous exposons dans trois chapitres, nos résultats :
*Le premier chapitre détaille, d'un point de vue morphologique et physiologique, l'effet de la lumière bleue monochromatique sur le développement architectural de deux cultivars de rosiers. Ce chapitre est publié dans le journal Plant Biology (F. Abidi, T. Girault, O. Douillet, G. Guillemain, G. Sintes, M. Laffaire, H. B. Ahmed, S. Smiti, L. Huché -Thélier et N. Leduc (2012) : **Blue light effects on rose photosynthesis and photomorphogenesis**).
*Le deuxième chapitre, présente l'impact de l'intensité de la lumière bleue dans la lumière d'éclairement sur le développement du rosier. L'expansion cellulaire, qui joue un rôle primordial dans l'élongation des tiges, y est étudiée par une approche moléculaire.

*Le troisième chapitre porte sur l'analyse des photorécepteurs impliqués dans la photo-modulation de l'élongation des entre-nœuds en l'absence de raies bleues. Pour cela, nous nous appuyons sur des expérimentations réalisées chez le pois (*Pisum sativum*, Fabacées).

Dans la dernière partie, l'effet du spectre lumineux bleu sur la photo-modulation de l'élongation des tiges des rosiers est discuté au regard de nos résultats et de ceux de la bibliographie.

SYNTHESE BIBLIOGRAPHIQUE

2. L'horticulture ornementale française

Le mot «horticulture» a été construit à partir du latin *hortus* et *cultura* pour faire référence aux plantes cultivées dans le jardin. Son origine semble récente et attestée à partir de 1628 en Angleterre. L'horticulture est une branche de l'agriculture que des anthropologues ont parfois qualifiée de «culture sans aide de la charrue» par opposition à l'agriculture. Les espèces concernées sont les espèces fruitières, légumineuses, médicinales et ornementales. La subdivision entre espèces horticoles, agricoles ou forestières date du Moyen Âge où les plantes horticoles étaient cultivées dans un espace clos à proximité ou dans l'enceinte des monastères. Actuellement, l'horticulture fait référence à une activité professionnelle alors que le terme jardinage renvoie à une activité de loisirs (Widehem, 1996). En tant qu'activité professionnelle, la production horticole d'ornement compte cinq filières qui se distinguent par la nature des produits commercialisés et par les techniques mises en œuvre:

*Fleurs coupées.
*Pépinières (plantes ligneuses ornementales mais également fruitières et forestières).
*Bulbes.
*Plantes en pots vertes et fleuries.
*Plantes à massif.

L'horticulture ornementale met en œuvre des techniques complexes et nécessite des qualifications appropriées surtout pour les productions sous abri (multiplication *in vitro*, régulation automatisée du climat et de l'irrigation fertilisante, robotisation), ce qui nécessite une formation adaptée et de forts besoins en investissement spécifique. Les caractéristiques de ce secteur le rapprochent du secteur industriel par l'importance du capital nécessaire, du travail requis, des techniques employées et la relation étroite avec le marché; en effet, une grande partie de la production est directement destinée, sans transformation, au consommateur final.

Comme toute filière, la filière horticole d'ornement se veut un espace technologique, un espace de relations et un espace de stratégies. Il faut également tenir compte des rapports qu'entretiennent les différents éléments de la filière avec le reste du tissu industriel.

2.1 La situation de la production horticole française

Alors que la France dispose d'une palette de climats favorables à la majorité des espèces ornementales, que la surface agricole utile française est parmi les plus importantes en

Europe et que la consommation des végétaux d'ornement est en croissance, elle importe cinq fois plus qu'elle n'exporte. Le marché français est dit «structurellement» déficitaire de 987.2 millions d'euros en 2010 (France AgriMer, 2011).

Les fleurs coupées représentent en moyenne 50% du déficit français, alors que les végétaux d'extérieur sont les plus exportés par la France. Pourtant, même si l'on ne s'intéresse qu'aux végétaux d'extérieur, on voit nettement que la situation se dégrade. L'essentiel des échanges français se fait dans le cadre intra-européen. L'Union Européenne représentait en valeur en 2004, 97.2% des importations françaises et 76.6% des exportations française (CFCE-UBIFRANCE, 2004).

2.2 L'horticulture ornementale dans les Pays de la Loire

Par rapport à l'ensemble de l'horticulture française, les Pays de la Loire représentent (France AgriMer, 2011) :
*9 % des producteurs (3ème région),
*16 % de la surface horticole (1ère région),
*15 % des emplois (1ère région).

La Région renforce sa position dominante au plan national en terme de superficies et d'emplois. Elle est leader français dans de nombreux produits: plantes en pots, plantes à massif, plantes vivaces ainsi que pépinières ornementales.

L'horticulture des Pays de la Loire est concentrée dans la région nantaise et en Maine-et-Loire. Elle représentait en 2011 :
*800 exploitations.
*3500 hectares.
*5 000 emplois (en équivalent temps plein), constitués à plus de 80 % d'emplois salariés.
*312 millions d'euros de chiffre d'affaire.

Il s'agit d'un secteur de production intensive et grand utilisateur de main d'œuvre salariée. Ainsi, l'horticulture ne représente que 3 % de la la surface agricole utilisée (SAU) régionale mais 6,5 % des emplois agricoles.

Ce secteur se caractérise par sa diversité au niveau :
*des productions: toutes les grandes catégories de produits sont présentes en Pays de la Loire (fleurs et feuillages coupés, plantes en pots, plantes à massif, plantes vivaces et aromatiques, bulbes, pépinières ornementales, fruitières et forestières).

*des types d'exploitations : celles-ci peuvent être spécialisées ou polyvalentes, de tailles très variables où les petites unités souvent familiales côtoient des entreprises de type industriel.

*des circuits de commercialisation qui vont de la vente directe au marché de gros en passant par l'exportation et tous les circuits intermédiaires.

En termes d'évolution, entre 1989 et 2001, on observe :
*une baisse du nombre d'exploitations horticoles, mais moins soutenue que pour l'ensemble de l'agriculture régionale. Ce mouvement affecte principalement les petits producteurs et les exploitations non spécialisées.
*un accroissement des surfaces horticoles d'un tiers,
*un développement des surfaces en serres et abris hauts de plus de moitié,
*une augmentation de la main d'œuvre de 15 %,
*un doublement de la taille des exploitations,
*une croissance des volumes de production de la plupart des produits: fleurs et feuillages coupés: +24 %, plantes à massif: +54 %, plants de rosiers: +41 %, plantes en pots fleuries: +86 % (France AgriMer, 2011).

3. La qualité esthétique du végétal ornemental: critère commercial majeur

Chez les plantes ornementales, le terme « qualité » recouvre trois composantes; une composante visuelle, primordiale pour retenir l'attention du consommateur et déclencher l'acte d'achat, une composante liée à l'état physiologique de la plante et une composante économique. Ces trois composantes sont liées entre elles et contribuent à la prise en compte de nombreux facteurs (Liguori-Loiseau, 1991). L'esthétisme est un critère de qualité important pour les plantes ornementales. Cette qualité est en relation étroite avec la forme de la plante et donc son architecture. Le débourrement des bourgeons, à l'origine des axes, la croissance de ces axes et leur floraison, participent à l'élaboration de cette architecture (Boumaza et al., 2009). L'architecture d'une plante représente l'ensemble des formes structurales que l'on peut observer à un moment donné (Oldeman, 1974). Elle est le résultat du fonctionnement des méristèmes apicaux, aériens et souterrains de la plante (Halle et Oldeman, 1970) et repose sur la nature des ramifications (par exemple: axes florifères ou végétatifs, axes courts ou longs…) et leur agencement dans l'espace.

Tableau I: Caractéristiques des 10 sections du sous-genre Eurosa (d'après Tarbouriech, 2001)

Section	Exemples d'espèces
CANINAE Arbustes, fleurs roses ou blanches, feuilles à 5 ou 7 folioles, aiguillons gros, recourbés	*Rosa canina* L. ou rosier des chiens *R. rubiginosa* L. (à feuilles odorantes) *R. villosa* L. (dont les fruits sont riches en vitamine C) *R. montana* Chaix ou rosier des montagnes
GALLICANAE Buissons dressés, pas très élevés ; aiguillons recourbés de taille variable, généralement mêlés de cils ; grandes fleurs roses. Aptitude au drageonnage	*R. gallica* L. ou rose de France (protégée par la loi) *R.* x *damascena* L. ou rose de Damas *R.* x *centifolia* Miller ou rose Cent-feuille *R.* x *centifolia f. muscosa* (Mill.) ou rosier mousseux
PIMPINELLIFOLIAE Rosiers à de feuilles de pimprenelle. Feuilles à nombreuses folioles (plus de 9) faisant penser à celles de la pimprenelle. Buisson bas. Aiguillons droits de taille variée. Aptitude au drageonnage	*R. pimpinellifolia* L. : rosier à feuilles de pimprenelle qui a colonisé un grand nombre de milieux, du littoral aux pelouses alpines *R. foetida* Herm (fleur d'un jaune vif très lumineux) qui a donné la belle couleur jaune des roses cultivées *R. foetida f. bicolor* (Jacq.) E. Wilm : fleurs dont la face supérieure des pétales est orange et la face inférieure est jaune cuivre *R. omeiensis f. pteracantha* (Franch.) Redh & E.M. Wils., avec des aiguillons très larges, rouges, translucides
SYNSTYLAE Pistil au centre de la fleur ressemble à une petite colonne (styles soudés) contrairement aux autres sections où le pistil est en forme de coussinet. Rosiers grimpants ou rampants	*R. arvensis* Huds. : rosier des champs à petites fleurs blanches qui s'hybrident facilement avec *R. gallica* L. *R. sempervirens* L. : rosier au feuillage toujours vert des régions méridionales, sensible au gel. Deux espèces originaires de l'Extrême-Orient, *R. multiflora* Thunb. et *R. wichuraiana* Crep. sont à l'origine de la plupart des variétés de rosiers grimpants
CINNAMONEAE Rosiers cannelle. Buissons dressés assez hauts, souvant drageonnant Aiguillons droits avec des gradients de densité sur la tige. Fruits en général allongés	*R. majalis* Herm. ou rose de mai dont la floraison est très précoce *R. pendulina* L. ou *R. alpina* L. ou rose des Alpes : pratiquement dépourvue d'aiguillons, aux fruits allongés pendant aux rameaux *R. rugosa* Thunb. ou rosier rugueux du Japon aux feuilles gaufrées, pouvant pousser sur des sols salés *R. acicularis* Lindl. : seule espèce de rosier à dépasser le cercle polaire
CAROLINAE Regroupe quelques espèces d'Amérique du Nord. Feuillage souvent brillant. Diffère de la section précédente par la forme des fruits, habituellement globuleux aplatis, avec des akènes insérés seulement au fond du réceptacle	*R. carolina* L. ou rose de Caroline *R. palustris* Marsh. ou rose des Marais *R. virginiana* Mill. ou rose de Virginie
INDICAE Roses de Chine Des espèces de cette section, trouvées en Extrême-Orient, ont été ramenées en Europe à la fin du XVIIIème siècle; par croisements, elles ont permis d'obtenir des variétés remontantes, à la floraison continue	*R. chinensis* Jacquin ou rose du Bengale *R.* x *odorata* (Andr.) Sweet ou rosier à odeur de thé *R. gigantea* Colett. grimpant *R. chinensis* var. *viridiflora* Dipp. ou rose verte *R. chinensis f. mutabilis* (Correv.) Rehd. ou rosier à couleur variable
BANKSIANAE Très longues tiges internes pouvant atteindre 10 cm; originaire de Chine	*R. banksiae* Ait. Ou rosier de Banks *R. cymosa* Tratt. A fleur en grappe et tout petit fruit
LAEVIGATAE Originaire de Chine, contient une espèce et ses hybrides ; grimpante à grandes fleurs blanches, tiges à aiguillons recourbés, feuilles à 3 folioles luisantes. Peu rustique	*R. laevigata* Mich. ou rose des Cheerokees *R.* x *anemonoïdes* Rehd ou rose anémone à fleurs pourpres
BRACTEATAE Contient une espèce et ses hybrides. Feuillage persistant et brillant. Fleurs blanches	*R. bracteata* JC Wendl. ou rose de Maccartney *R.* x *leonida* Moldenke ou Maria leonida

Pour l'horticulture ornementale, la maitrise et la modulation de l'architecture sont des solutions pour améliorer la qualité esthétique des plantes ornementales ou produire des formes innovantes et ainsi déclencher l'acte d'achat d'un produit horticole.

4. La rose: un modèle d'étude original

4.1 Histoire naturelle des rosiers :

Cette histoire est très longue puisqu'elle remonte au début de l'ère tertiaire probablement quelque part dans une région à climat contrasté de la Chine. Tout au long des temps géologiques, les mutations spontanées, les flux continuels de gènes par migration et les hybridations naturelles ont engendré une vaste diversité génétique, soumise aux pressions de sélection naturelle déterminée par les conditions pédoclimatiques de l'aire d'occupation du rosier. Cette longue histoire a abouti à une immense dispersion géographique des rosiers puisqu'ils couvrent presque tout l'hémisphère Nord à l'exclusion des zones tropicales. Hurst (1927), par une étude large et approfondie du genre *Rosa* en se fondant sur des critères cytologiques et géobotaniques, a découvert que le nombre chromosomique de base était 7 et qu'il existait des espèces diploïdes (2 x 7), tétraploïdes (4 x 7), pentaploïdes (5 x 7), hexaploïdes (6 x 7) et octoploïdes (8 x 7). Rehder (1940) utilisa largement ces bases pour entreprendre la classification systématique du genre *Rosa* qui est aujourd'hui retenue par la plupart des spécialistes des rosiers. Ce genre comprend 3 petits sous-genres, représentés chacun par une seule espèce, séparés du grand sous-genre *Eurosa* comprenant, quant à lui, 120 espèces.

Aujourd'hui, les nombreuses roseraies, à travers le monde, témoignent de l'intérêt constant porté à la culture et à la conservation du rosier. Quels que soient leurs styles, les roseraies ont toujours pour but de conserver et d'exposer de nombreuses espèces ou cultivars de rosiers faisant de ces lieux des jardins d'agrément incomparables et des pépinières ressources pour les rosiéristes. En France, la première roseraie connue est celle du roi Childebert (IVème siècle) mais la première roseraie conservatrice sera crée par Joséphine de Beauharnais dans le parc de la Malmaison au début de XIXème siècle.

4.2 Architecture du rosier

Le rosier est un buisson dont le modèle architectural est celui de Champagnat (Halle et Oldeman, 1970). Ce modèle est caractérisé par des axes d'ordre I à croissance monopodiale, portant des ramifications orthotropes et acrotones. Ces ramifications sont, pour la plupart, proleptiques: le bourgeon axillaire passe par une phase de repos avant de débourrer. Il arrive cependant que certaines ramifications soient sylleptiques, notamment lorsqu'elles sont situées à proximité immédiate du bourgeon apical: le bourgeon axillaire formé produit aussitôt un axe secondaire, sans période de repos préalable. Le développement d'un axe d'ordre I et de ses ramifications constitue l'unité architecturale (Barthélémy et *al.*, 1989), c'est-à-dire la structure architecturale élémentaire. L'unité architecturale du rosier buisson est constituée de deux populations d'axes (rameaux longs et courts) distribués selon un chemin de ramification bien défini (les rameaux longs laissent place progressivement à des rameaux courts, majoritaires à partir de l'ordre III) (Morel et *al.*, 2009). En fonction de la variété étudiée, l'unité architecturale s'achève après 4 à 6 ordres de ramification (Morel et *al.*, 2009). La forme buissonnante du rosier va alors être donnée par le développement de réitérations proleptiques, à la base de la plante et qui, dupliquant totalement ou partiellement l'unité architecturale, donnent naissance au complexe réitéré qu'est le buisson (Barthélémy et *al.*, 1989).

4.3 Intérêts économiques et types d'utilisation des rosiers

La rose est aujourd'hui l'espèce ornementale la plus cultivée dans le monde et représente, avec 8500 ha, le quart des surfaces dévolues aux fleurs coupées. La production totale est de plus de 15 milliards de tiges fleuries, 80 millions de plantes en pots et 220 millions de rosiers de jardin. La production de roses se situe principalement en Europe (Pays-Bas, Espagne, France et Italie), en Amérique du Sud et en Asie. La production de rosiers se répartit dans plusieurs filières :

4.3.1. Les rosiers de jardin et paysagers

Les rosiers de jardin se caractérisent par une très large diversité de port, de forme, de couleur de la fleur, de type de floraison et de parfum. Ces rosiers se retrouvent dans les jardins privés et les roseraies où ils sont cultivés à des fins ornementales. Un intérêt grandissant est porté aux rosiers dits paysagers qui participent aux aménagements des espaces verts urbains. Ces rosiers doivent présenter des bonnes qualités ornementales et une faible sensibilité aux maladies tout au long de l'année. Autrefois, la majorité des rosiers de jardin était produite par greffage et nécessitait une à trois années de culture avant commercialisation. La faculté d'enracinement des entre-nœuds a permis la multiplication par bouture afin de produire des plantes uniformes dans un cycle de culture court (De Vries, 1993).

4.3.2. Les rosiers à fleurs coupées

La rose demeure la fleur coupée la plus produite en France. En 2001, 230 millions rosiers ont été produites sur une surface globale de 300 hectares (Agreste Maine et Loire, 2001). La production commerciale de rosiers- fleurs coupées s'est développée grâce à la culture en serre de rosiers remontants dans des conditions parfaitement contrôlées et adaptées. Ainsi, les récoltes peuvent se faire tout au long de l'année selon un cycle de culture de 2 à 4 mois (Mary, 2003). Les cultivars de rosiers à fleurs coupées sont sélectionnés pour la couleur, la taille, la forme des fleurs mais aussi pour leur durée de vie en vase (Chaanin, 2003).

4.3.3. Les potées fleuries

Les potées fleuries sont composées de petites plantes qui proviennent généralement de génotypes nains (Vries, 2003) mais qui subissent souvent l'application de régulateurs de croissance pour réduire leur taille. Avec une production en 2001 de 22.6 millions de pots de plantes fleuries et 1.5 millions de pots de plantes vertes, le Maine et Loire est au premier rang national pour la production de plantes en pots (Agreste Maine et Loire, 2006). Dans ses efforts pour générer la nouveauté et la diversité nécessaires pour soutenir le marché, le secteur horticole améliore continuellement les caractéristiques visuelles des rosiers, en combinant deux approches :

- la création de nouvelles variétés. Cette approche est lente (en moyenne 10 ans) et coûteuse car elle exige la sélection, sur plusieurs générations, de la meilleure lignée issue du croisement sexuel, avant la multiplication à grande échelle de la nouvelle variété.
- L'amélioration des techniques culturales. Les produits chimiques tels que les nanifiants sont de plus en plus utilisés en horticulture. Toutefois, ces produits engendrent des risques encourus lors de leur utilisation, ou de leur rejet dans l'environnement. Il est alors primordial que les efforts déployés par les horticulteurs pour moduler l'architecture des rosiers et conquérir les marchés se fassent sans nuire à la santé de l'Homme et à son

environnement. Pour cela, il est nécessaire de développer des techniques culturales innovantes.

5. Techniques innovantes dans la maitrise de l'architecture des plantes.

Modifier la forme de la plante peut ouvrir à de nouveaux débouchés commerciaux, d'où l'intérêt porté par la profession horticole à toute technique ou moyen permettant d'atteindre cet objectif. La manipulation des facteurs environnementaux peut être l'un de ces outils. En effet, de nombreuses études ont mis en évidence que le développement des végétaux peut être modulé par divers facteurs de l'environnement tels que la température, l'humidité relative, la nutrition minérale et la lumière.

5.1 Effet de la température

Plusieurs études ont mis en exergue l'effet de la température sur l'architecture des plantes et notamment l'importance du différentiel de température jour/nuit. Chez de nombreuses espèces, la température est un facteur déterminant de la levée de dormance (Battey, 2000 ; Welling et al., 2004). Par exemple, chez le bouleau pubescent (*Betula pubescens* L.), une longue exposition à des températures relativement froides est nécessaire pour provoquer le débourrement au printemps (Murray et al., 1989). Le mode d'action du froid sur la physiologie des bourgeons est encore mal connu (Penfield, 2008). Il a néanmoins été suggéré que le froid pourrait agir en provoquant la déméthylation de l'ADN observée lors de la dormance et la dé-répression de gènes liés à la reprise du cycle cellulaire des cellules méristématiques (Johnsen et al., 2003). Des modifications de la température du milieu aérien ont des conséquences sur le débourrement chez le rosier. Schrock et Hanan (1980) ont montré que les basses températures favorisent l'émergence des tiges basitones chez le rosier et que leur nombre est inversement proportionnel à la somme des températures nocturnes. Les bourgeons axillaires situés dans la partie supérieure des tiges débourrent d'autant plus vite que la température est élevée. Pour les températures moyennes comprises entre 18 et 25 °C, le taux de débourrement n'est pas modifié par un accroissement de température (Van den Berg, 1987), toutefois le maintien à des températures fraîches, au-dessous d'une température critique, caractéristique du cultivar, peut induire une dormance. Le développement ultérieur de la tige est plus rapide lorsque la température est plus élevée. En effet, une élévation de température entraîne un raccourcissement de la période de croissance et une diminution de la longueur des tiges due à une réduction de la longueur des entre-nœuds sans modification de leur nombre. De telles observations ont été faites sur rosier aussi bien sur la plante entière (Van den Berg, 1987) que sur boutures de nœuds (Marcelis-van Acker, 1994).

5.2   Effet de l'humidité relative

Chez l'hortensia (*Hydrangea macrophylla* L.), une forte diminution de l'humidité relative de l'air provoque un raccourcissement des tiges et permet ainsi la production de plantes plus compactes (Codarin et *al.*, 2006). Chez le genre *Rosa*, Darlington et *al.* (1992) ont enregistré
un accroissement à la fois de la longueur et de la masse linéaire des tiges produites par le maintien d'une humidité relative élevée.

5.3   Effet de la nutrition minérale.

La nutrition minérale est bien évidemment un facteur déterminant de la croissance et du développement des plantes donc de leur architecture. Certains auteurs ont montré l'influence d'éléments minéraux sur des étapes clés du développement: la floraison est ainsi favorisée par une augmentation de l'apport potassique chez l'hortensia (Woodson et Boodley, 1982). La nutrition azotée est connue pour influencer l'architecture. C'est ce qui a notamment pu être observé chez le rhododendron (*Rhododendron catawbiense* L.) où la ramification basale est favorisée par une privation temporaire en azote (Fustec et Beaujard, 2000). Chez le rosier, des études récentes ont montré que des périodes de privation d'azote suivis d'une alimentation non limitante augmentait la ramification basale chez le rosier-buisson (Huché-Thélier et *al.*, 2011).

5.4   Effet de la lumière

Le terme général de "lumière" désigne théoriquement le rayonnement visible. Elle est indispensable au développement de tous les végétaux chlorophylliens. Chez les plantes, la lumière a une influence importante sur le développement architectural des plantes, au point que certains auteurs l'ont considéré comme étant l'un des principaux facteurs environnementaux capables de moduler la capacité de débourrement des plantes (Evers et *al.*, 2006). Chez plusieurs espèces, la ramification est favorisée par de fortes intensités lumineuses. C'est ce qui est observé chez l'airelle (*Vaccinium bracteatum* et *Vaccinium hirtum*, Kawamura et Takeda, 2002, 2004), ainsi que chez différentes espèces (*Litsea acuminata*, Takenaka, 2000 ; le sapin baumier (*Abies balsamea* L.), l'épicéa (*Picea abies*

L.) et le pin sylvestre (*Pinus sylvestris*), Niinemets et Lukjanova, 2003). De la même manière, des intensités lumineuses faibles entraînent une diminution de la ramification chez le frêne de
Pennsylvanie (*Fraxinus pennsylvanica*, Bartlett et Remphrey, 1998), à la fois, en diminuant le nombre et la longueur des tiges.

Les végétaux chlorophylliens ont non seulement développé des mécanismes de conversion de l'énergie solaire (photosynthèse) mais également des systèmes multiples d'informations sur leur environnement au travers de la perception de la lumière (Smith, 1982; Aphalo et *al*., 1999). Les réponses induites par la qualité de la lumière sur la croissance des plantes ont fait l'objet d'une synthèse (Varlet-Grancher et *al*., 1993). Cette dernière résume les effets des niveaux de lumière rouge clair/rouge sombre (Rc/Rs) et de lumière bleue dans la lumière incidente. Une diminution du rapport Rc/Rs entraîne une diminution du taux de ramification chez toutes les espèces. De plus, les plantes sont plus hautes avec des entre-nœuds généralement plus longs. Les effets du niveau de la lumière bleue sur la croissance des végétaux étudiés sont analogues à ceux de Rc/Rs.

6. Le développement et l'architecture finale des plantes

Le développement d'une plante c'est-à-dire l'acquisition de sa taille, de sa forme et de son architecture finale résulte d'une série d'événements élémentaires qui correspondent à la croissance de l'individu et à sa différenciation. La croissance des végétaux supérieurs provient, au niveau cellulaire, à la fois d'une augmentation du nombre de cellules et d'une élongation de cellules préexistantes. Le lien entre ces deux processus a fait l'objet de nombreux travaux (Grandjean et *al*., 2004). Néanmoins, plusieurs travaux suggèrent que l'élongation cellulaire, et non la division cellulaire, constitue la force motrice nécessaire à la croissance et à l'organogenèse (Grandjean et *al*., 2004).

6.1 La division cellulaire

Elle comprend la caryokinèse ou mitose (formation de 2 noyaux) et la cytokinèse qui correspond à la séparation de deux cellules filles suite à la formation d'une paroi. Le processus de division cellulaire ne modifie pas la structure générale des cellules filles qui demeurent isodiamétriques avec un fort rapport nucléo-cytoplasmique et une vacuole de petite taille. La progression des différentes phases du cycle cellulaire est régulée par une famille de protéines kinases cycline-dépendantes (CDK). Les différentes protéines kinases

CDK et les différentes cyclines connues jusqu'à présent sont regroupées en différentes classes selon leurs profils d'expression (Dewitte et Murray, 2003).

6.2 L'élongation cellulaire

Cette élongation cellulaire exige une extensibilité accrue de la paroi cellulaire, rendue possible grâce à certaines protéines qui agissent sur la structure moléculaire de la paroi cellulaire et permettent ainsi le relâchement pariétal (Cosgrove, 2005). Les expansines, les endotransglycosylase xyloglucane / hydrolases (XTH) et les xyloglucan endotransglycosylases (XET) sont considérées comme les protéines responsables des modifications de la structure de la paroi cellulaire. Les expansines sont des protéines qui agissent sur les interactions non-covalentes entre la cellulose et l'hémicellulose au sein de la paroi cellulaire, ce qui se traduit par l'augmentation de leur l'extensibilité (McQueen-Mason et Cosgrove, 1994; Cosgrove, 2000). La manipulation de l'expression des expansines a confirmé la fonctionnalité de ces protéines dans la croissance et le développement des plantes (Cho et Cosgrove, 2000; Zenoni et al., 2004). En effet, la répression de l'expression des gènes d'expansines induit la formation de plantes courtes (Choi et al. 2000), tandis que la surexpression des ces gènes accélère la croissance (Choi et al., 2000; Lee et al., 2003). En plus des expansines, les XTH forment un autre groupe des protéines impliquées dans le relâchement pariétal (Fry et al., 1992: Campbell et Braam, 1999). Les XTH s'attachent entre les fibres de cellulose induisant ainsi leur hydrolyse (Tabuchi et al., 1997, 2001 ; Kaku et al., 2002). Plusieurs autres études ont mis en évidence l'importance des XET dans l'élongation cellulaire. En effet les XET catalysent la transglycosylation du xyloglucane au niveau des parois cellulaires ce qui induit leur relaxation (Nishitani et Tominaga, 1991 ; Fry et al, 1992). Plusieurs études ont mis en évidence une corrélation positive entre l'activité de la XET et le niveau d'allongement des tiges (Nishitani et Tominaga, 1991, Burstin 2000 ; Uozu et al., 2000). L'expression de certains gènes codant des XET est régulée par des hormones de croissance tels que l'auxine et les gibbérellines (Potter et Fry, 1993; Xu et al., 1995, Smith et al., 1996).

7. Mécanismes de développement des plantes.

La conversion énergétique réalisée par les organes chlorophylliens lors de la photosynthèse est un mécanisme fondamental pour la croissance et le développement des plantes. Cependant, les plantes ont non seulement développé ces mécanismes de conversion mais

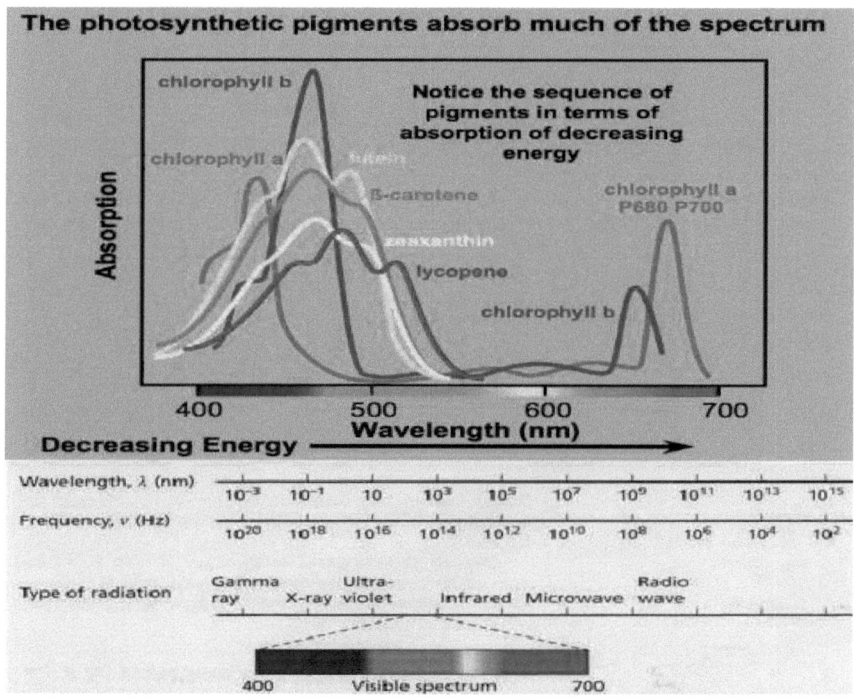

Figure 1: Absorption du spectre lumineux visible par les pigments de la photosynthèse chez les végétaux (Horton et al., 1994).

également des systèmes multiples d'information sur leurs conditions d'éclairement (Ballaré *et al.*, 1987).

7.1 La photosynthèse

La photosynthèse est un processus complexe comprenant deux phases inter-régulées :

-une phase photochimique correspondant à la conversion de l'énergie lumineuse en énergie métabolique,

-une phase biochimique permettant l'incorporation réductrice du CO_2 grâce à l'énergie métabolique élaborée dans la phase précédente.

7.1.1. Les pigments photosynthétiques

La photosynthèse est initiée par l'absorption de la lumière au niveau "d'unités photosynthétiques" dont le concept a été imaginé par Emerson et Arnold (1932). Depuis les travaux de Kok (1956), on sait que l'unité photosynthétique se subdivise en deux photosystèmes (I et II) distincts travaillant "en série". Le photosystème II (PSII) est celui qui a fait l'objet du plus grand nombre d'études, en particulier parce qu'il est le site de l'oxydation de l'eau (dégagement d'oxygène) mais aussi parce qu'il est le plus facile à analyser par différentes techniques. La partie du photosystème qui réalise le piégeage de la lumière est son "antenne" collectrice. Elle est constituée de molécules pigmentaires: chlorophylles, caroténoïdes et, dans certains cas, phycobiliprotéines. Chacune de ces molécules absorbe préférentiellement une longueur d'onde de lumière spécifique, permettant ainsi l'utilisation optimale du spectre solaire visible (Fig. 1). L'absorption pour chaque domaine spectral est décrite ci-dessous :

-Dans l'ultraviolet (200 nm - 400 nm), le rayonnement peut influencer le développement de la plante ou détériorer son système photosynthétique. Une protection est fournie par les épidermes et la cuticule qui atténuent fortement le rayonnement incident, alors qu'ils sont presque transparents dans le visible (Krauss *et al.*, 1997). Les responsables de cette absorption sont des composants non-pigmentaires tels que les acides nucléiques et phénoliques (Grant *et al.*, 2003; Pfündel *et al.*, 2006).

-Dans le visible (400 nm - 700 nm), l'éclairement solaire est maximum et les feuilles en absorbent environ 80 %. Cette absorption est principalement due aux pigments foliaires: les chlorophylles a et b présentent des pics d'absorption dans le bleu (450 nm) et le rouge (660 nm), et les caroténoïdes absorbent essentiellement le bleu. D'autres pigments, tels les

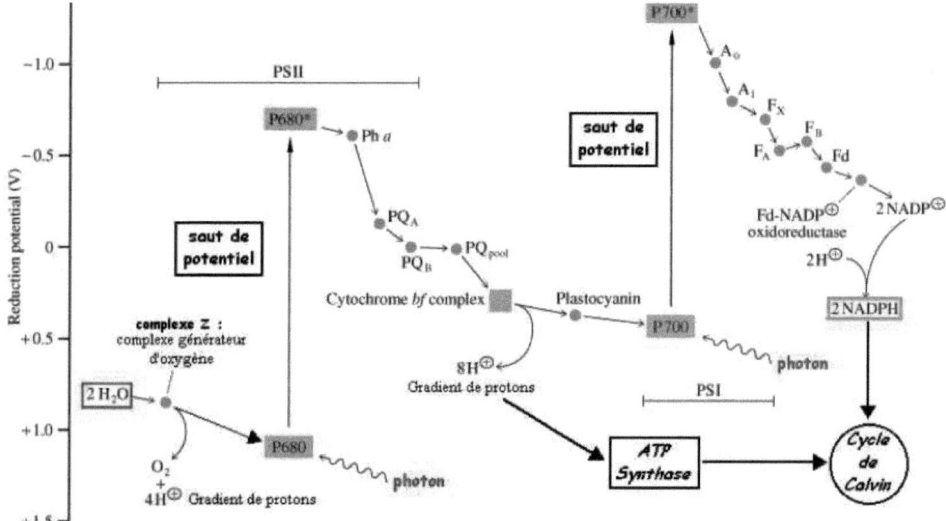

Figure 2: Différentes étapes de la photosynthèse. Z, donneur d'électrons à P680 – Pha phéophytine a - PQA : plastoquinone fortement attachée à PSII - PQB : plastoquinone attachée de façon réversible à PSII - "PQpool" : réserve de plastoquinones PQ et PQH2 Plastocyanine, donneur d'électrons à P700- A0 : chlorophylle a- A1 : phylloquinone – F_X, F_A et F_B : centre [Fe-S] – Fd : ferrédoxine. (Horton et al., 1994)

plastoquinones et les composés flavonoïques, évoluent vers des pigments bruns au cours de la sénescence. Tous les pigments foliaires deviennent transparents au-dessus de 700 nm.

7.1.2. Les facteurs limitant pour la photosynthèse

La machinerie photosynthétique est limitée par plusieurs facteurs tels que l'azote foliaire (Anten et *al.* 2000 ; Chapin et *al.* 1987 ; Poorter et Evans, 1998), la concentration de CO_2 (Morison, 1998; Mott et Buckley, 1998) et mais aussi et bien sûr par la qualité et l'intensité de la lumière perçue.

6.1.2.1 Effet de l'intensité lumineuse

L'intensité lumineuse est l'un des facteurs le plus limitant de la photosynthèse. Sous faible éclairement, la photochimie est ralentie, ce qui limite la disponibilité en NADPH et en ATP et donc limite la régénération du Ribulose 1.5 Bis Phosphate (RuBP), l'accepteur primaire du CO_2. Sous fort éclairement, la photochimie est intense et l'énergie métabolique n'est plus limitante. Le niveau de RuBP est donc suffisant pour saturer la Rubisco. Dans ces conditions, ce sont les propriétés de l'enzyme qui vont déterminer la vitesse de carboxylation, ainsi que la teneur en CO_2 au site de carboxylation (Eskins et McCarthy, 1987).

6.1.2.2 Effet de la qualité lumineuse

La réponse de la photosynthèse à la qualité de la lumière est intégrée: elle implique la totalité de l'appareil photosynthétique dont les différents éléments se modifient en ajustant leur fonctionnement les uns par rapport aux autres. Parmi les effets de la qualité de la lumière sur la photosynthèse, il a été documenté que la lumière rouge favorise la synthèse des chlorophylles (Eskins et McCarthy, 1987) et induit la transcription des ARNm pour la production des LHCII (light harvesting complexe of PSII, Fig 2, Anderson, 1986) mais pourrait aussi nuire au fonctionnement du PSII (Schmid et *al.*, 1990). En outre, un rapport rouge clair/ rouge sombre (Rc/ Rs) faible induit une diminution des teneurs en chlorophylles et de la capacité photosynthétique chez plusieurs végétaux (Morgan et Smith, 1981 ; Barreiro et *al.*, 1992). La lumière bleue a aussi une très grande influence sur plusieurs processus de la photosynthèse et donc sur le fonctionnement des plantes. A l'échelle de la feuille, la lumière bleue provoque des changements dans les composants du bilan énergétique et dans la dynamique des échanges gazeux au travers du contrôle du fonctionnement des stomates (Jones, 1992). Les effets de la lumière bleue sur le comportement stomatique ont été un sujet d'actualité depuis plusieurs décennies (Zeiger et

al., 1987; Gautier, 1991; Barillot et *al.*, 2010). Il a été ainsi montré que la lumière bleue, via les zeaxanthines (Zeiger et Zhu, 1998) et les phototropines (Kinoshita et *al.*, 2001), augmente la turgescence des cellules de garde et par
conséquent l'ouverture des stomates (Karlsson et Assmann, 1990, Hogewoning et *al.*, 2010) avec pour conséquence une augmentation de la photosynthèse nette des plantes étudiées. Inversement, une diminution brusque de la quantité de lumière bleue dans la lumière d'éclairement provoque une chute rapide de la conductance stomatique, qui se stabilise ensuite à un niveau inférieur à celui observé sous lumière blanche. Il a été suggéré que ces réponses à la lumière bleue pouvaient jouer un rôle important dans l'optimisation de l'efficacité de l'utilisation de l'eau par les plantes (Karlson et Assmann, 1990, Barillot et *al.*, 2010). L'exposition à une lumière bleue pendant une longue durée provoque toutefois de nombreux effets dépressifs sur la photosynthèse. L'impact de la lumière bleue sur la conductance du mésophylle (gm) constitue l'une des principales causes de l'inhibition de la photosynthèse. En effet, lorsque les stomates sont complètement ouverts, la conductance stomatique est grande, mais la résistance du mésophylle peut devenir limitante pour l'absorption du CO_2 (Evans et Loreto, 2000; Loreto et *al.*, 2009). Cette diminution de transfert de CO_2 depuis les espaces intracellulaires du mésophylle vers les chloroplastes réduit l'efficacité d'utilisation de la lumière pour la photosynthèse et par conséquent la photosynthèse nette (Brugnoli et Björkman, 1992, Loreto et *al.*, 2009). Même sans faire appel à l'effet direct sur le fonctionnement des stomates, McCree (1972) a mis en évidence que le rendement quantique est réduit dans les feuilles exposées à une lumière enrichie en raies bleues par rapport aux feuilles exposées à une lumière rouge uniquement. Ainsi, chez les végétaux supérieurs, la quantité de photons nécessaires à l'émission d'une molécule d'oxygène est d'environ 10 quanta de lumière dans les raies rouges du spectre visible (630 à 680 nm) et 12 à 14 quanta dans les raies bleues (380 à 450 nm). Les plantes soumises à un spectre lumineux dépourvu de bleu subissent des transformations qui contribuent à augmenter leurs possibilités de capture de l'énergie. Par rapport aux plantes sous un spectre lumineux complet, elles présentent des chloroplastes généralement plus volumineux, des thylakoïdes qui forment un système relativement plus développé dans le stroma et des empilements granaires beaucoup plus importants. Il peut ainsi y avoir jusqu'à 100 empilements par granum et la concentration en chlorophylle est par conséquent plus élevée (Murchie et Horton, 1998).

7.2 La photomorphogenèse

La composition spectrale, la direction et la périodicité du rayonnement constituent des signaux caractéristiques de l'éclairement perçus par la plante. La modification de ces signaux peut provoquer diverses réponses morphogénétiques qui permettent d'adapter la croissance de la plante aux variations des conditions lumineuses (Smith, 1982). Schématiquement, la durée

du jour agit sur les mécanismes de floraison (photopériodisme), la direction de la lumière détermine la direction de la croissance (phototropisme) et/ou l'orientation de certains organes au cours de la journée (héliotropisme), alors que certaines radiations modifient plus particulièrement la morphogenèse et l'architecture des plantes. Par définition, les réponses morphogénétiques à la lumière résultent des mécanismes de la photomorphogenèse qui se définit comme la régulation (ou le contrôle) de la croissance et du développement des plantes indépendamment de la photosynthèse, de la périodicité et de la direction du flux lumineux (Smith et Holmes, 1984). Ces réponses dépendent de la composition spectrale de la lumière et sont plus particulièrement induites par certaines radiations qui agissent comme des signaux. Leur perception par la plante n'implique pas de conversion énergétique notable et les réponses induites résultent de la transduction de ce signal sur le fonctionnement de la plante et non d'une modification de sa disponibilité en énergie

7.2.1. Réponses contrôlées par le rapport Rc/Rs.

Chez la plupart des espèces étudiées, une diminution du rapport Rc/Rs entraîne une diminution du taux de ramification et stimule l'élongation des tiges. Soumises à un rapport Rc/Rs faible, les plantes sont plus hautes avec des entre-nœuds généralement plus longs, les feuilles peuvent être plus érigées et présenter des pétioles plus allongés ; c'est le phénomène d'évitement de l'ombre ou shade-avoidance syndrom (Casal et al., 1985) Chez les monocotylédones, un rapport Rc/Rs faible a un impact sur la ramification: celle-ci est réduite chez le ray-grass d'Italie (*Lolium multiflorum*), la paspale dilatée (*Paspalum dilatatum*, Casal et al., 1985, 1986), l'orge (*Hordeum vulgare*, Skinner et Simmons, 1993) et chez *Eragrostis curvula*, (Wan et Sosebee, 1998). Un résultat similaire a été observé chez une dicotylédone: le trèfle blanc (*Trifolium repens* L., Robin et al., 1994). Inversement, un rapport Rc/Rs élevé, stimule la ramification, réduit la croissance des tiges, ce qui induit la formation de plantes plus compactes. Ces réponses ont été observées chez le concombre, le melon et la tomate (Takaichi et al., 2000), ainsi que chez le trèfle blanc (*Trifolium repens* L., Robin et al., 1994).

7.2.2. Réponses contrôlées par les radiations bleues.

La lumière bleue peut moduler divers caractères morphologiques chez les végétaux. Ainsi, Piszczek et Glowacka, 2008 ont constaté que des concombres cultivés sous lumière bleue monochromatique avaient des tiges plus longues et plus épaisses et présentaient une teneur en matière fraiche plus élevée que les plantes cultivées sous lumière blanche. Chez la tomate, des résultats contrastés ont été observés selon la variété: ainsi, chez la variété Delfine F1, la lumière bleue stimule la croissance des tiges, alors que chez d'autres variétés, la lumière bleue l'inhibe (Glowacka, 2006). Il a été aussi démontré que l'impact de la lumière bleue sur l'élongation des tiges de ces variétés de tomates n'était pas lié à une modulation du nombre de métamères (Glowacka, 2006). Dans la littérature, l'effet stimulateur de la lumière bleue sur l'allongement des tiges et des entre-nœuds est moins fréquemment rapporté que son effet inhibiteur (Li et al., 2000).

Davantage de travaux sur l'impact de la lumière bleue sur la croissance des végétaux ont porté sur une modulation de la quantité de lumière bleue dans la lumière blanche. Ainsi, les travaux de Gautier et al. (1998, 1999) ont mis en évidence que la variation de l'intensité de la lumière bleue dans la lumière incidente modifie la surface foliaire, l'orientation des feuilles et la répartition de matière sèche chez le trèfle blanc. De même, les travaux d'Eskins (1992) ont montré que la surface foliaire et la longueur du pétiole chez *Arabidopsis thaliana* dépendent du pourcentage de lumière bleue dans la lumière d'éclairement avec une diminution de ces deux grandeurs à forte proportion de lumière bleue. Chez la laitue, la lumière bleue est nécessaire pour la croissance des feuilles (Dougher et Bugbee, 2004). Elle améliore aussi la croissance des feuilles chez l'épinard et le radis (Yorio et al., 2001). Chez le géranium, la lumière rouge provoque une épinastie des feuilles, alors qu'une combinaison entre lumière rouge et lumière bleue inhibe ce phénomène (Fukuda et al., 2008). Chez le rosier, l'effet de la qualité lumineuse sur la croissance des rosiers reste encore peu étudié. Les travaux de Girault et al. (2008) ont montré que, chez six cultivars de rosier, les lumières blanche, bleue et rouge clair induisent le débourrement. Ces mêmes travaux ont aussi montré que la lumière bleue est aussi efficace que la lumière blanche, à flux de photons égal (200 $\mu mol.m^{-2}.s^{-1}$), pour promouvoir le débourrement. Maas et Bakx (1995) ont par ailleurs montré que la diminution de la quantité de bleue dans la lumière d'éclairement provoquait une augmentation du poids sec et un allongement des tiges de la variété « Mercedes » sans affecter leur floraison.

Tableau II: Réponses induites par les photorécepteurs de la lumière bleue chez les végétaux supérieurs

Réponse	Photorécepteur impliqué	Références
Inhibition de la croissance de l'hypocotyle et d'autres réponses de dé-étiolement.	cry1 cry2 phot1 ZTL FKF1 LKP2	Lin et Shalitin 2003 Lin et Shalitin 2003 Lin et Shalitin 2003 Somers *et al.* 2004 Fankhauser et Staiger 2002 Fankhauser et Staiger 2002
Expansion des cotylédons	cry1 phot1	Lin et Shalitin 2003 Ohgishi *et al.* 2004
Contrôle de l'horloge circadienne	ZTL	Fankhauser et Staiger 2002
Contrôle temporel de la floraison	cry1 cry2 ZTL FKF1 LKP2	Lin et Shalitin 2003 Lin et Shalitin 2003; El-Assal *et al.* 2003 Fankhauser et Staiger 2002; Somers *et al.* 2004 Imaizumi *et al.* 2003 Fankhauser et Staiger 2002
Phototropisme	phot1 (faible intensité) phot2 (forte intensité) cry1 + cry2	Briggs et Christie 2002; Liscum *et al.* 2003 Briggs et Christie 2002; Liscum *et al.* 2003 Briggs et Christie 2002; Liscum *et al.* 2003
Mouvement des chloroplastes	phot1 + phot2 phot2	Briggs et Christie 2002; Liscum *et al.* 2003 Briggs et Christie 2002; Liscum *et al.* 2003
Ouverture des stomates	phot1 + phot2	Briggs et Christie 2002; Liscum *et al.* 2003
Diminution de la concentration intracellulaire de calcium et l'absorption de potassium	phot1 phot2	Liscum *et al* 2003; Fuchs *et al.* 2003; Folta *et al.* 2003 Liscum *et al.* 2003

8. Les photorécepteurs et la perception de la lumière par les plantes

Les plantes détectent les changements de leur environnement lumineux à l'aide de photorécepteurs sensoriels: (i) les phototropines et les cryptochromes qui absorbent la lumière UV-A ou bleue et (ii) les phytochromes qui absorbent la lumière rouge / rouge lointain. La perception de la lumière par les photorécepteurs induit des cascades de signalisation qui permettent à la plante de répondre, au niveau physiologique, aux changements de son environnement lumineux (direction, intensité, qualité et durée, Tab. II). Dans ce qui suit, nous présenterons les différents photorécepteurs de la lumière chez les végétaux ainsi que leur rôle dans l'induction du signal lumineux.

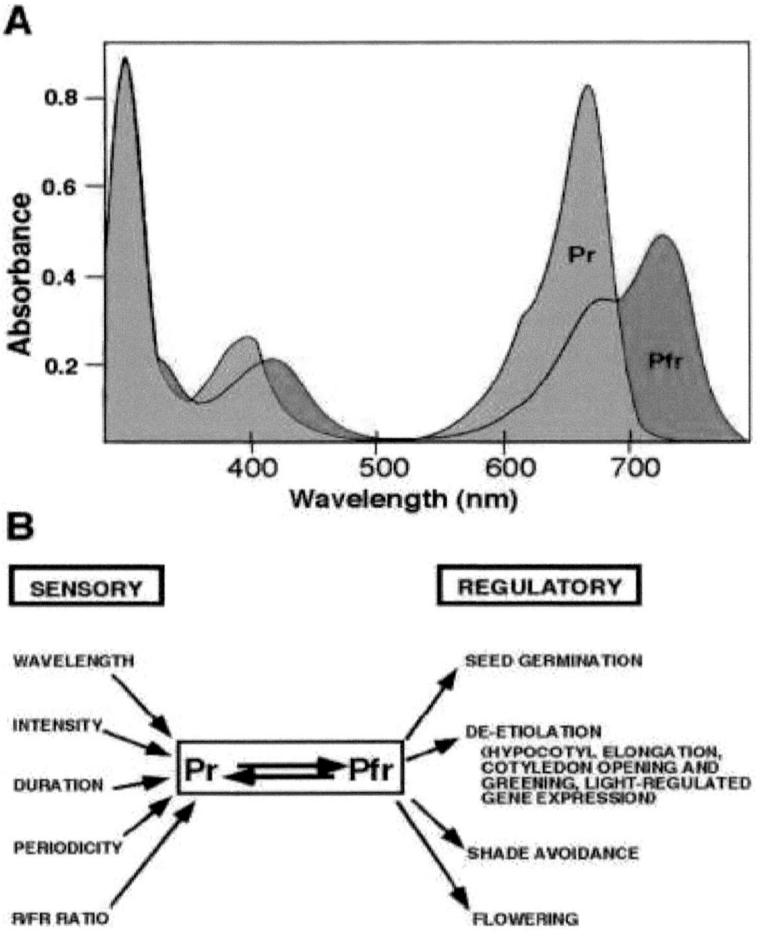

Figure 3: Les spectres d'absorption des phytochromes et leurs fonctions (Quail, 1998).

8.1 Les phytochromes

Les phytochromes ont été identifiés chez des cyanobactéries (*Fremyella sp.*, Kehoe et Grossmann, 1996), des algues vertes (*Mesotaenium sp.*, Lagarias et *al.*, 1995) et des végétaux supérieurs comme le maïs (*Zea mays*, Christensen et Quail, 1989), la tomate (*Solanum lycopersicum*, Hauser et *al.*, 1995) ou encore le riz (*Oryza sativa* L., Mathews et Sharrock, 1996). Ils existent sous deux formes inter-convertibles: Le Pr qui absorbe principalement dans le rouge clair (Rc, de 640 à 680 nm environ), et le Pfr qui absorbe surtout dans le rouge sombre (Rs, au-delà de 700 nm surtout, Smith, 2000, Fig. 3). Les phytochromes sont synthétisés sous forme de Pfr. A l'obscurité Pr peut redonner Pfr ou bien se dégrader. Pr se dégrade aussi à la lumière. La vitesse de dégradation de Pfr à l'obscurité est faible en comparaison de celle de Pr (Andel et *al.*, 2000). Toutes réactions contribuent à diminuer la quantité de Pr qui est la forme active. La protéine qui porte le chromophore (composé qui absorbe la lumière) est assemblée dans le cytoplasme. Le chromophore synthétisé dans le chloroplaste, passe dans le cytoplasme où il se lie directement avec elle. Chez *Arabidopsis*, il y a cinq principaux types de phytochromes appelés phyA, phyB, phyC phyD et phyE. Ces phytochromes ont été identifiés chez de nombreuses autres plantes (Sharrock et Quail, 1989). PhyA est abondant chez les plantules étiolées. Sa teneur diminue jusqu'à 100 fois lorsque la plantule étiolée passe à la lumière et qu'il est alors transformé en Pr: cette diminution est due à la fois à une inhibition de l'expression du gène *PHYA* par la lumière et à une dégradation rapide de la molécule même dans ces conditions. Les autres phytochromes (PhyB-E) sont moins abondants et sont stables à la lumière (Hirschfeld et *al.*, 1998). Chaque type de phytochrome à des fonctions particulières, mais l'étude des mutants montre que leur fonction est souvent redondante. Les phytochromes contrôlent plusieurs processus tel que la germination (Quail, 1998), l'évitement de l'ombre (Nagatani et *al.*, 1993) et la floraison (Whitelam et Halliday, 2007).

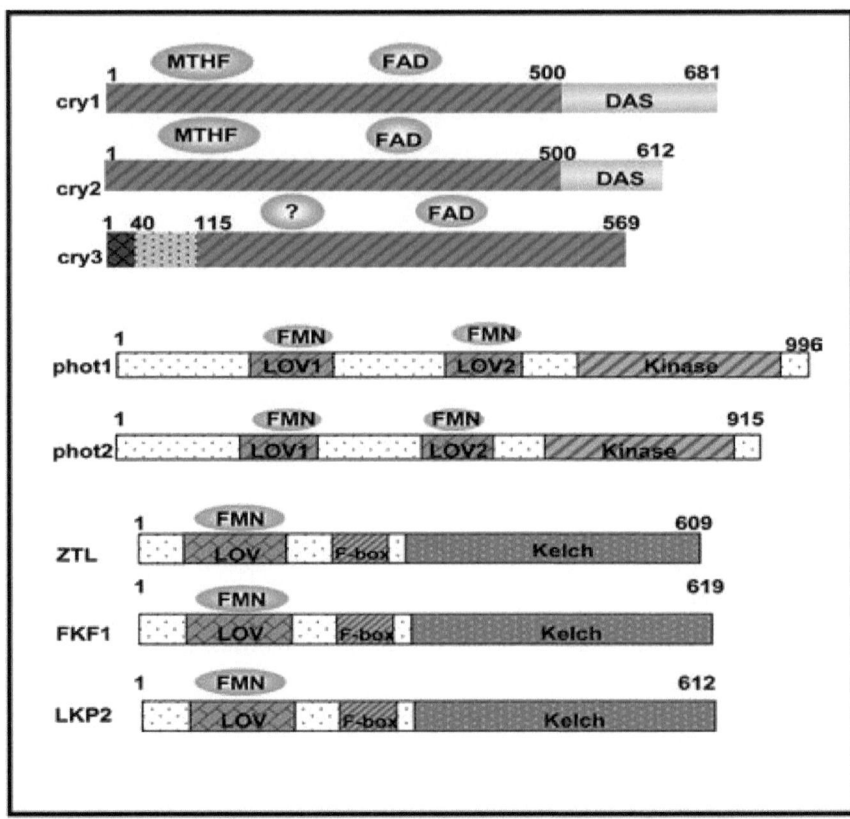

Figure 4: Présentation schématique des photorécepteurs de la lumière bleue chez *Arabidopsis thaliana*. Les cryptochromes (cry2 cry2 et cry3 chez *Arabidopsis thaliana*) sont formés de deux domaines. Le domaine N terminal ou domaine PHR permet la liaison de deux chromophores (une flavine adénine dinucléotide, ou FAD, et une ptérine). Le domaine C terminal, dont la taille varie selon le cryptochrome, serait impliqué dans la voie de signalisation. Les phototropines (phy1 et phy2) présentent une extrémité N terminale, sensible à la lumière de par la présence de deux domaines LOV permettant la fixation de deux chromophores (FMN), et une extrémité C terminale présentant une activité sérine/thréonine kinase.La famille Zeitlupe se compose de trois membres : ZTL, FKF1 et LKP2 qui sont de 609, 619 Kb

8.2 Les cryptochromes

L'isolement du photorécepteur CRY1 chez *Arabidopsis thaliana* a été réalisé en 1993 par Ahmad et Cashmore. Il s'agit d'une flavoprotéine de 75 KDa. Le gène CRY1 est exprimé dans tous les tissus (Zeiger, 1990). Le spectre d'absorption des cryptochromes se situe dans la gamme UVA-Bleu (300-550 nm) avec deux pics relativement marqués autour de 370 et 450 nm. La plupart des plantes semblent posséder plus d'un cryptochrome : *Arabidopsis thaliana* présente deux cryptochromes clairement identifiés, CRY1 et CRY2 (Ahmad et Cashmore, 1993 ; Hoffman et *al.*, 1996 ; Lin et *al.*, 1996), et un troisième, CRY3, pour lequel la fonction biologique n'a pas encore été clairement établie (Kleine et *al.*, 2003 ; Brudler et *al.*, 2003, Fig. 4). La tomate et le riz possèdent trois cryptochromes (Perrotta et *al.*, 2000; Matsumoto et *al.*, 2003). Les cryptochromes permettent la régulation de l'expression de plusieurs gènes impliqués dans la photomorphogenèse et la régulation de l'horloge circadienne (Lin et Todo, 2005).

8.3 Les phototropines

Les phototropines (PHOT1 et PHOT2 chez *Arabidopsis*) sont également des flavoprotéines. Ils portent des flavines mononucléotidiques (FMN) qui sont associées à un domaine LOV (Light, Oxygen Voltage) dans la partie N-terminal de la molécule et un domaine sérine/ thréonine kinase à l'extrémité C-terminal (Huala et *al.*, 1997). La lumière bleue induit un changement dans la conformation de la protéine ce qui permet son autophosphorylation et déclenche ainsi une cascade de signalisation (Briggs et Christie, 2002 ; Salomon et *al.*, 2003). Celle-ci fait intervenir deux protéines, NPH3 et RPT2, qui peuvent se lier à PHOT1 (Motchoulski et Liscum, 1999 ; Inada et *al.*, 2004). Outre le contrôle du phototropisme (Esmon et *al.*, 2006), les phototropines régulent également d'autres réactions physiologiques, à savoir le mouvement des chloroplastes (Jarillo et *al.*, 2001) et l'ouverture des stomates (Ma et *al.*, 2002).

8.4 La famille ZTL, FKF1, et LKP2

Zeitlupe (ZTL), Flavin-binding Kelch (FKF1) et LOV Kelch Protein (LKP2/FKL1) constituent la nouvelle famille de photorécepteurs de la lumière bleue (Imaizumi et *al.*, 2003). Chacune de ces protéines est constituée de trois domaines: un domaine 'LOV', un domaine 'F Box' au niveau de la partie N terminal et un domaine 'Klech' au niveau de la partie C-terminal.

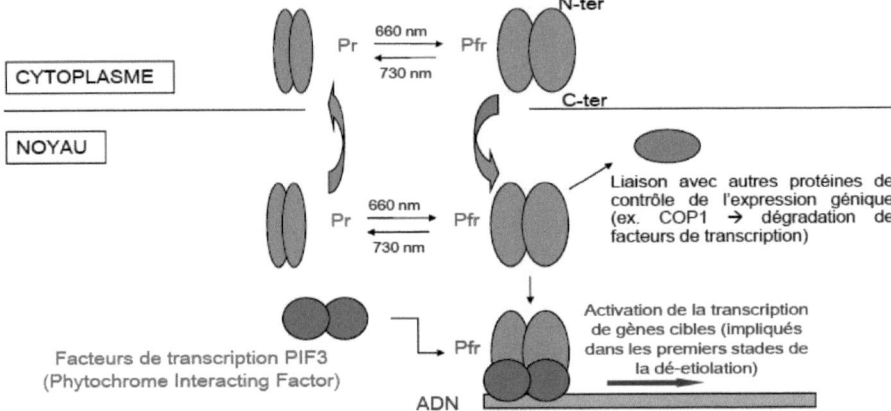

Figure 5: Mécanismes d'action des phytochromes chez *A. thaliana* (Quail, 2000).

Le domaine 'F box' interagit avec un complexe d'ubiquitination E2-E3 induisant ainsi la dégradation des protéines. Le motif 'Klech' est constitué habituellement de six séquences répétées en tandem formant une b-hélice. Le domaine 'LOV' se lie de façon non covalente à un chromophore FMN (Flavin MonoNucleotide). Après irradiation par la lumière bleue, un changement de conformation permet l'autophosphorylation de la protéine et déclenche ainsi la cascade de signalisation (Imaizumi et al., 2003).

FKF1 est probablement le photorécepteur le plus performant. Ce photorécepteur régule plusieurs processus chez les végétaux tels que le rythme circadien et la floraison (Fankhauser et Staiger, 2002). FKF1 induit ainsi l'expression du gène CONSTANS (CO), gène clé du contrôle temporel de l'induction florale (Imaizumi et al., 2003).

9. Voies de signalisation et mécanismes moléculaires impliquées dans la transduction du signal lumineux par les photorécepteurs

9.1 Voies de signalisation des phytochromes

Les phytochromes, présents sous la forme Pr dans le cytoplasme, migrent dans le noyau suite à la conversion par la lumière en forme Pfr (Nagatani, 2004, Fig. 5). La localisation nucléaire des phytochromes entraine alors une cascade de signalisation aboutissant à des modifications de l'expression de gènes cibles et par conséquent à des réponses biologiques (Quail, 2002 ; Jiao et al., 2007). Les membres d'une famille de facteurs de transcription nucléaires possédant un domaine bHLH (basic helix-loop-helix) jouent un rôle central dans la transduction du signal induite par les phytochromes (Duek et Fankhauser, 2005). PIF (Phytochrome-Interacting Factor) a été le premier membre de cette famille dont l'interaction avec PHYA et PHYB a pu être montrée (Ni et al., 1998). Il est co-localisé dans le noyau avec la forme active du phytochrome (Bauer et al., 2004) et se lie spécifiquement à un élément cis-régulateur (G-box) présent dans les promoteurs de nombreux gènes de réponse à l'obscurité (skotomorphogenèse), induisant ainsi leur transcription (Martinez-Garcia et al., 2000).

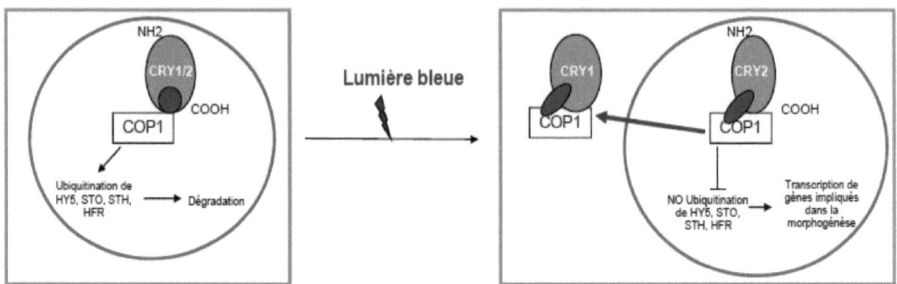

Figure 6: Mécanismes d'action des cryptochromes :
*A l'obscurité, COP1 induit l'ubiquitination puis la dégradation de facteurs de transcription.
*A la lumière, les cryptochromes changent de conformation, l'interaction entre la partie C-ter et COP1 est modifiée et l'action de COP1 est inhibée

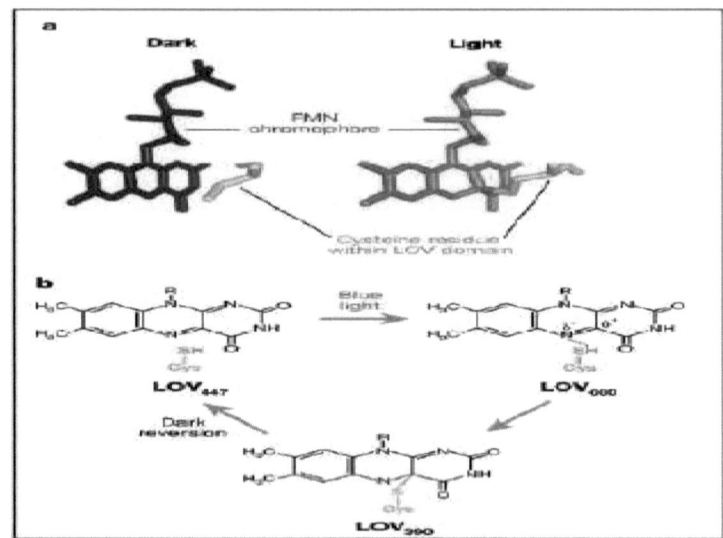

Figure 7: Mécanismes d'action des phototropines (John M. Christie, 2007).
*A l'obscurité, le chromophore est liée de façon non covalente au LOV domaine (absorption à 447 nm, forme inactive).
*A la lumière formation d'une liaison covalente entre le chromophore et un résidu cystéine dans le domaine LOV (Absorbtion à 390 nm, forme active)

9.2 Voies de signalisation des cryptochromes

A l'obscurité, les protéines CRY1 et CRY2, situées dans le noyau, interagissent avec la protéine COP1 (Yang et *al.*, 2001, Fig. 6). La perception de la lumière bleue par les cryptochromes provoque la désactivation et la dégradation de COP1, permettant ainsi l'accumulation de HY5 dans le noyau, qui à son tour, induit la transcription des gènes cibles (Osterlund et *al.*, 2000 ; Yang et *al.*, 2005). Des interactions entre CRY1 et d'autres protéines telles que les phytochromes (Ahmad et *al.*, 1998) et les autres photorécepteurs de la lumière bleue (Jarillo et *al.*, 2001) ont aussi lieu. Ces interactions peuvent jouer un rôle très important dans les réponses des plantes aux conditions d'éclairement (Motchoulski et Liscum, 1999).

9.3 Voies de signalisation des phototropines

Chez *Arabidopsis thaliana*, les phototropines PHOT1 et PHOT2 sont des protéines de 120 kDa constituées de deux domaines LOV (Light Oxygen Voltage) en position N terminale et d'un domaine serine/thréonine kinase à l'extrémité C terminale. A l'obscurité, chaque domaine LOV lie de façon non covalente un chromophore FMN (Flavin MonoNucleotide, Fig. 7). Après irradiation par la lumière bleue, un changement de conformation permet l'autophosphorylation de la protéine et déclenche la cascade de signalisation (Briggs et Christie, 2002 ; Salomon et *al.*, 2003). Celle-ci fait intervenir deux protéines, NPH3 et RPT2, qui peuvent se lier à PHOT1 (Motchoulski et Liscum, 1999 ; Inada et *al.*, 2004) pour former un complexe qui interviendrait dans la régulation du phototropisme (Esmon et *al.*, 2006).

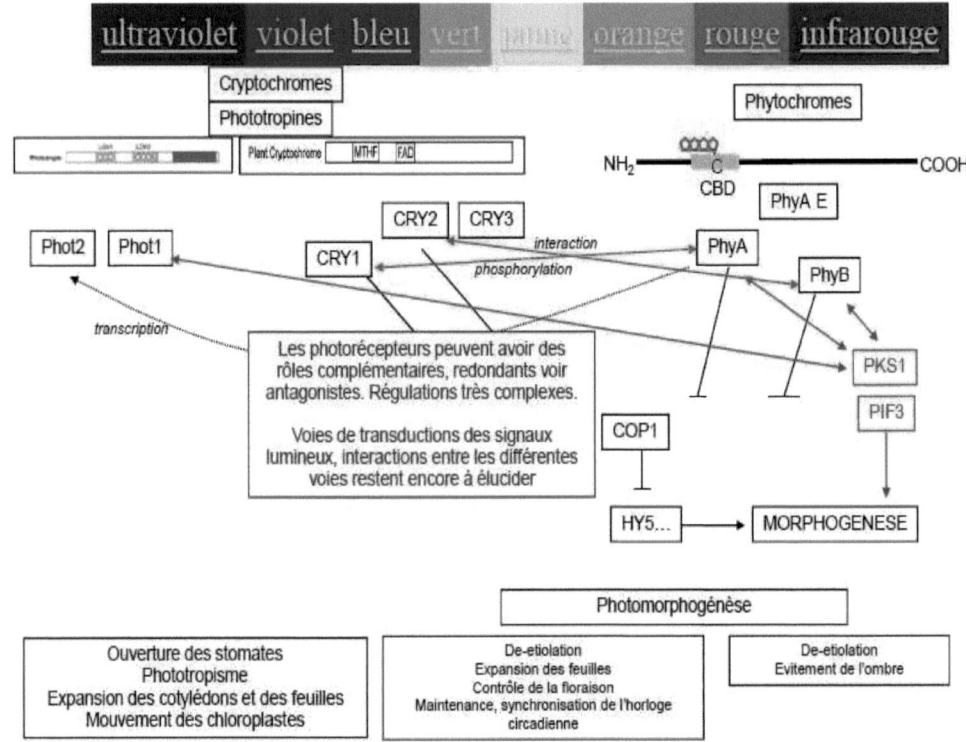

Figure 8: Représentation schématique des photorécepteurs et intermédiaires potentiels de la voie de transduction du signal lumineux.

9.4 Les interactions entre les photorécepteurs

Chez les plantes, il existe plusieurs exemples d'interactions entres les photorécepteurs de la lumière bleue et les photorécepteurs de la lumière rouge (Fig. 8). Par exemple, il a été démontré que les réponses induites par les phytochromes nécessitent l'interaction avec d'autres protéines telles que les « phytochromes interacting factor » comme PIF3 mais aussi avec d'autres photorécepteurs comme CRY1 et CRY2 (Ni et al., 1998). Il a aussi été démontré que l'action de CRY1 dans l'inhibition de la croissance chez les végétaux nécessite la présence active de PHYA ou PHYB (Ahmad et Cashmore, 1997). De même, les réponses phototropiques induites par la lumière bleue sont accentuées par la stimulation des phytochromes (Parks et al., 1996). Le photo-contrôle de la croissance des entre-nœuds fait intervenir plusieurs types d'interactions entre les photorécepteurs. Par exemple, chez la tomate, il a été montré que CRY1, PHYA, PHYB agissent en cascade pour la photo-modulation de l'élongation des tiges (Weller et al, 2001). Des interactions physiques entre PHYA et CRY1 ont également été mentionnées.

10. Questionnement et démarche scientifique

La qualité esthétique d'une plante ornementale est un critère commercial important auquel les professionnels de l'horticulture s'intéressent tout particulièrement. Plusieurs critères entrent en jeu dans la définition de cette qualité. C'est notamment le cas de la couleur et de la densité du feuillage, de la couleur des fleurs, du nombre de pétales (Boumaza et al., 2009). A cela s'ajoute la forme de la plante, caractérisée par l'agencement dans l'espace de ses ramifications et par leur nature (longueur, vigueur des axes…). Chez le rosier de jardin, plante ornementale appartenant au genre économiquement le plus important de l'horticulture ornementale (Gudin, 2000) et dont les ventes ne cessent d'augmenter depuis ces dix dernières années (Promojardin, 2007), les producteurs cherchent à moduler leur croissance afin d'en améliorer leur qualité esthétique. L'utilisation des produits chimiques offre la possibilité de moduler l'architecture finale des plantes mais peut aboutir à des effets néfastes pour la santé humaine et l'environnement. La recherche de nouveaux procédés permettant la modification de l'architecture de la plante dans un cadre respectueux de l'environnement devient donc nécessaire. Dans cet objectif, la manipulation des facteurs de l'environnement et notamment la lumière offre une alternative non chimique pour réguler la croissance des rosiers et pourrait être utilisée pour augmenter la valeur esthétique des rosiers en pots.

Figure 9 : *Rosa hybrida* 'Radrazz' (Knock out®) : Arbustes ou sous-arbrisseaux, parfois arbrisseaux. Port dressé ou rampant, sarmenteux ou non. Rameaux garnis d'épines d'origine épidermique, rarement inermes. Feuilles vertes, caduques, parfois semi-persistantes ou persistantes, stipulées, alternes, composées (sauf quelques espèces). Fleurs solitaires ou en corymbes terminaux, de type 5, étamines disposées en 10 séries rayonnantes, donnant par transformation en culture les pétales ; nombreux carpelles. Fruit cynorrhodon ou réceptacle en forme d'urne charnue. Graine en akène longuement plumeux. (2n = 14 et multiple de 7)

Figure 10 : *Rosa chinensis* 'Old blush' : Rosiers arbustes remontants, grêles, aux tiges lisses, portant de rares épines brun rougeâtre. Feuilles lustrées, composées de folioles lancéolées, petites à moyennes. Fleurs simples à très doubles, parfois parfumées, solitaires ou en bouquets de 3 à 13, s'épanouissant par vagues successives, de juin aux gelées. Elles sont portées par des tiges courtes sur le bois de 2 ans et les pousses de l'année.

Du point de vue scientifique, ce travail apportera plusieurs informations sur les processus morphologiques et moléculaires photo-régulés par la lumière bleue ainsi que sur certains éléments de la chaine de transduction du signal lumineux en jeu.

10.1   Objectifs

Les objectifs de cette thèse ont été: (i) d'étudier l'effet du spectre bleu sur le développement architectural de deux cultivars de rosier *Rosa hybrida* 'Radrazz' (Knock out®, Fig 9) et *Rosa chinensis* 'Old blush' (Fig. 10) afin de proposer de nouveaux outils à la profession pour la maîtrise de la forme des végétaux, (ii) d'identifier les processus physiologiques, certains gènes ainsi que les photorécepteurs impliqués dans les réponses induites par la lumière bleue. Ceci apportera des informations utiles à la manipulation ou la sélection des génotypes d'intérêt, ainsi que des connaissances fondamentales.

10.2   Stratégies

Trois approches ont été développées pour répondre aux objectifs de cette thèse: une approche morphologique, une approche physiologique et une approche moléculaire.

10.2.1.   L'approche morphologique

L'approche morphologique a visé à étudier l'effet du spectre lumineux bleu sur la croissance de deux cultivars de rosier depuis le stade bouture jusqu'au stade floraison. Des mesures d'axes, de débourrement, de développement foliaire et floral ont été réalisées dans ce but.

10.2.2.   L'approche physiologique

Cette approche a consisté à identifier certains des processus physiologiques modulés par la lumière bleue, qu'ils concernent l'assimilation chlorophylienne ou des réponses photomorphogénétiques.

10.2.3.   L'approche moléculaire

Afin d'appréhender la voie de signalisation de la lumière bleue dans le contrôle du développement des entre-nœuds, nous avons cherché à identifier les photorécepteurs ainsi que certains gènes impliqués dans cette réponse

CHAPITRE I: Etude de l'effet de la lumière bleue monochromatique sur la photosynthèse et la morphogenèse du rosier

Présentation de l'étude

La qualité de la lumière peut moduler l'architecture des plantes soit par l'induction de réponses morphogénétiques soit en agissant directement sur la photosynthèse. Toutefois, la contribution de chaque processus dans l'élaboration de l'architecture des plantes demeure peu connue. Les spectres bleu et rouge modifient tous deux l'architecture des plantes mais la réponse à la lumière bleue est moins constante et plus dépendante de l'espèce végétale (Rajapakse et Kelly 1995; Khattak et al. 2004). Le rosier, en tant que plante fréquemment cultivée en serre, pourrait bénéficier de traitements lumineux spécifiques susceptibles de modifier son architecture. L'intérêt horticole de telles pratiques est évident puisque cela pourrait contribuer à la production de nouvelles formes végétales, intéressantes soit pour leur la qualité esthétique (Boumaza et al., 2009) soit pour le phylloclimat induit et ses conséquences sur l'état sanitaire de la culture (Chelle, 2005). Chez le rosier, nous avons montré que le débourrement ainsi que l'organogenèse au sein des bourgeons sont totalement inhibés à l'obscurité alors que la lumière bleue monochromatique est capable à elle seule d'induire ces deux processus (Girault et al., 2008). Cependant, ces travaux, bien que conduits sur le rosier-buisson, ont été réalisés sur un modèle expérimental simplifié (jeune plante décapitée au dessus du troisième métamère puis défeuillée) et ils ne se sont intéressés qu'au processus de débourrement (Girault et al., 2008) et non à l'élaboration de l'architecture dans son ensemble. Aussi, afin d'évaluer l'effet d'un éclairement en lumière bleue monochromatique sur le développement de jeunes rosiers, nous avons étudié, le développement de deux cultivars de rosiers, *Rosa hybrida* 'Radrazz' et *Rosa chinensis* 'Old Blush', du stade bouture racinée jusqu'à la floraison des rameaux secondaires. Les réponses photo-morphogéniques induites par la lumière bleue ont été étudiées par la mesure des principales composantes morphologiques végétatives et florales des axes primaires et secondaires. L'effet de la lumière bleue sur la photosynthèse a été évalué par la mesure des taux d'assimilation du CO_2, de la conductance stomatique, de la concentration de CO_2 intercellulaire et du contenu en pigments chlorophylliens. Cette étude a fait l'objet d'un article paru dans Plant Biology et présenté ci-dessous.

Blue light effects on Rose photosynthesis and photomorphogenesis

F. Abidi, T. Girault, O. Douillet[1], G. Guillemain, G. Sintes, M. Laffaire, H. Ben Ahmed, S. Smiti, L. Huché-Thélier, N. Leduc.

Article first published online: 12 JUN 2012 | DOI: 10.1111/j.1438-8677.2012.00603.x.

Abstract

Through its impact on photosynthesis and morphogenesis, light is the environmental factor that most affects plant architecture. Using light rather than chemicals to manage plant architecture could contribute to preserve the environment. However, the understanding of how light modulates plant architecture is still poor and further research is needed. To address this question, we examined the development of two rose cultivars, *Rosa hybrida* 'Radrazz' and *Rosa chinensis* 'Old Blush', cultivated under two light qualities. Plants were grown from one-node cuttings for six weeks under white or blue light at equal photosynthetic efficiencies. While plant development was totally inhibited in darkness, blue light could sustain full development from bud burst until flowering. Blue light reduced the net CO_2 assimilation rate of fully expanded leaves in both cultivars, despite increasing stomatal conductance and intercellular CO_2 concentrations. In Cv. 'Radrazz', the reduction in CO_2 assimilation under blue light was related to a decrease in photosynthetic pigment contents while in both cultivars, the ratios chl a/ b were increased. Surprisingly, blue light could induce the same organogenetic activity of the SAM, growth of the metamers, and flower development than white light.

The normal development of rose plants under blue light reveals the strong adaptative properties of rose plants to their light environment. It also indicates that the photomorphogenetic processes can all be triggered by blue rays and that despite promoting a lower assimilation rate, blue light can provide sufficient energy via photosynthesis to sustain normal growth and development in roses.

1. INTRODUCTION

Light is one of the key environmental factors that have a major impact on plant architecture. In terms of light quality, both red and blue lights have been shown to alter plant architectural development. Plant response to blue light is less constant than that to red light (Rajapakse and Kelly 1995; Khattak *et al.* 2004) and depends on the species. For example, under blue light, bud burst is stimulated in *Triticum aestivum* (Barnes et Bugbee, 1992), and *Prunus cerasifera* (Muleo *et al.* 2001), whereas it is reduced in the potato plant (Wilson *et al.* 1993). Similarly, shoot elongation is increased under blue light in pepper (Brown *et al.* 1995) and cucumber plants (Piszczek and Glowacka 2008), whereas it is repressed in *Pinus* (Sarala *et al.* 2007) and in potato plant (Wilson *et al.* 1993). Even in a single species, plant response to blue light can differ among varieties, as shown in the tomato plant (Glowacka 2006). As an ornamental plant, the rosebush could benefit from light treatments that could modify its architecture. This could contribute to the production of new plant shapes and improved aesthetic quality (Boumaza *et al.* 2009) or to a better control of plant deseases (Gontijo *et al.* 2010). This reasoning has already been applied to other ornamental species such as *Antirrhinum, Zinnia,* or *Dendranthema* (Rajapakse *et al.* 1992; Cremer *et al.* 1998; McMahon *et al.* 1991; Cerny *et al.* 2003). So far, very few attempts have been made to modulate rose plant architecture through qualitative light treatments. In miniature rose (*Rosa hybrida*), assays to reduce plant height using far red light-absorbing filters failed (Cerny *et al.* 2003), while some success was achieved in increasing stem length and dry weight of *Rosa hybrida* 'Mercedes' shoots by reducing the amount of blue light in the spectrum of white fluorescent light (Maas and et Bakx 1995).

The effects of light on plant architecture can be mediated either through photomorphogenic responses or through the direct impact of light radiations on plant photosynthesis. However, the respective contribution of each process to the elaboration of plant architecture is poorly understood. In photomorphogenic responses, light can affect meristem activity, organ differentiation and growth through the control of genetic activities other than those involved in photosynthesis (McIntyre 1987; Benson and Kelly 1990; Brown *et al.* 1995; Li et al. 2000; Parks *et al.* 2001; Fukuda *et al.* 2008). In rose plants, where we showed that bud burst and shoot meristem organogenic activity are totally inhibited in the absence of light, we demonstrated that blue light was able to induce both these processes (Girault *et al.* 2008) and stimulated the transcription of acid vacuolar invertase gene, required for hexose supply during bud burst (Girault *et al.* 2010). To date, besides the above-mentioned studies, no other close examination of the effect of blue light on the components of vegetative and floral developments of rose plants has been reported.

Concerning plant photosynthesis, blue light is known to have both positive and negative effects, depending on the dose or the duration of the light treatment. For example, blue light stimulates photosynthesis by inducing stomata opening (Sharkey and Raschke 1981; Zeiger and Zhu 1998; Kinoshita et al. 2001), increasing stomatal conductance and intercellular CO_2 concentrations (Karlsson and Assmann 1990), or leaf mass area (LMA), nitrogen, chlorophyll contents (Hogewoning *et al.* 2010). Under too high blue light irradiance, photosynthetic efficiency can however be reduced by a decrease in mesophyll conductance (Loreto *et al.* 2009), or by the chloroplast avoidance response that preserves the photosynthetic apparatus from photodamage (Brugnoli and Björkman 1992; Wada *et al.* 2003). Little is known of the mechanisms that allow the adjustment of rose photosynthetic activity to qualitative light conditions. Most researches have so far focused on the impact of white light irradiance on rose assimilation rate and plant production

(Zieslin and Mor 1990; Maas *et al.* 1995b; Bredmose 1997). In roses, the photosynthetic rate has been reported as being mainly influenced by PAR (Pasian and Lieth 1994), and modulated by temperature (Ueda *et al.* 2000; Ushio *et al.* 2008) and atmospheric CO_2 levels (Urban *et al.* 2002).

In order to understand the respective contribution of photosynthesis and photomorphognesis on the elaboration of rose architecture, we monitored the effect of blue light throughout the development of plants derived from single node cuttings until the flowering stage in two rose cultivars, *Rosa hybrida* 'Radrazz', and *Rosa chinensis* 'Old Blush'. Photomorphogenic responses to blue light were studied by measuring the main components of the vegetative and floral developments of the first and second order axes. Photosynthesis during light treatment was assessed through the measurement of CO_2 assimilation rate, stomatal conductance, intercellular CO_2 concentration and pigment contents.

2. MATERIALS AND METHODS

2.1 Plant material

Metamers (comprising a node bearing a leaf with five or seven leaflets, its axillary bud and the underlying internode) from *Rosa hybrida* 'Radrazz' (Knock out®) and *Rosa chinensis* 'Old Blush' were harvested from the medial part of mother plant stems and used as single-node cuttings. Cuttings were inserted into FERTISS peat plugs (FERTIL, Le Syndicat, France) and rooting was achieved after 4 to 5 weeks of culture under high hygrometry. Well-rooted cuttings were transferred into 500 mL pots containing a 70/20/10 mixture (v/v/v) of neutral peat, coco fibers and perlite, and grown in a greenhouse at 25 ±5°C. Extra lighting was supplied by high pressure sodium-vapor lamps below 200 W m^{-2}. After four days of acclimation in the greenhouse, well-rooted cuttings were transferred to growth chambers for the light treatments. Plants were grown until all secondary axes, derived from the first wave of

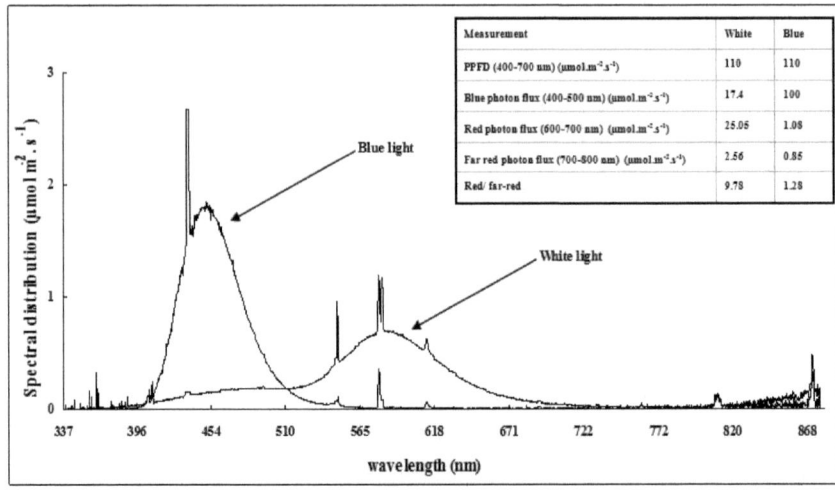

Figure 11: Distribution of spectral photon fluence rate of the white and blue light treatments.

bud bursting (Huché-Thélier et al. 2011), had reached the flowering stage 'petal colour visible' (PCV) or stopped their growth without flowering. On primary axes, three flowering stages were considered: (i) the 'flower bud visible' stage (FBV) corresponding to the time at which the floral bud can be seen but the peduncle is not yet fully elongated, (ii) the 'petal colour visible' stage (PCV) corresponding to the moment at which the sepals begin to open, revealing the colour of the petals (red for 'Radrazz', pink for 'Old Blush') and (iii) the 'open flower' (OF) stage corresponding to the time at which stamens are visible.

2.2 Climatic conditions applied in growth chambers

Plants were grown in growth chambers under constant climatic conditions (temperature: 25 ±3°C; relative humidity: 80 ±5%; photoperiod: 16h light/ 8h dark) and irrigated with a nutrient solution prepared from fertilizer Peter Exel (1g l-1; pH 5.6; EC: 1.77 ms cm-1). Plants were subjected to white or blue light treatments. White light was produced by white neon tubes (Mastec 36 Watt white/33 cool), while blue light was produced by blue neon tubes (Philips TL-D 36 Watt/18 blue) (Fig. 11). The photosynthetic photon flux density (PPFD) and yield photon flux (YPF) were calculated using the formula proposed by Sager et al. (1988) from the light spectrum measured by a calibrated spectrometer (AvaSpec-2048-6-RM). The photosynthetic efficiency was adjusted to 110 µmol m-2 s-1, by changing the distance between plant apex and light source, and was similar between the two light treatments. The height of neon tubes was adjusted once every two weeks to maintain a constant PPFD at the plant apex level. The characteristics of light treatments are presented in the inset of figure 11.

2.3 Photosynthetic parameters

2.3.1. Gas exchange measurements

Gas exchange measurements were performed using a portable infrared gas analyzer (IRGA) (LI-6400; Li-Cor Inc, Lincoln, NE, USA) within a narrow leaf chamber (236 cm2; LI-6400-11). Stomatal conductance (g_s), net CO_2 assimilation (A) and intercellular concentration of CO_2 (C_i) were then monitored under the two light conditions, on plants at the end of the flowering period of the primary axis (OF stage) in the fully expanded last five-leaflet leaf of this axis.

2.3.2. Pigment analysis

Chlorophyll (a and b) and carotenoid contents were determined spectrophotometrically. Fresh leaf tissue (0.2 g) was extracted in 5 ml of 80% acetone at 4°C for 72h, as described by Torrecillas *et al.* (1984). The absorbance of the extraction solution was measured using a UV- Visible spectrophotometer (Cary 100 scan) at 470.0 nm, 646.8 nm and 663.2 nm. Pigment contents were calculated according to the equations derived by Torrecillas *et al.* (1984):

$Chl.a\ (mg\ g^{-1}\ FW) = (12.25 * OD_{663.2}) - (2.79 * OD_{646.8})$

$Chl.b\ (mg\ g^{-1}\ FW) = (21.5 * OD_{646.8}) - (5.1 * OD_{663.2})$

$Carotenoids\ (mg\ g^{-1}\ FW) = 1000 * OD_{470.0} - (1.82 * Chl.a) - (85.02 * Chl.b)/198$

2.4 Organogenic activity and bursting of axillary buds

2.4.1. Evaluation of shoot apical meristem (SAM) organogenesis

The number of leaf-like organs (scales, young preformed leaves and leaf primordia) in the buds of the single-node cuttings was evaluated in the two genotypes on the day of harvest from mother shoots (T0), upon rooting (T1), just before transfer under the light treatment

(T2) and at the FBV stage, when the first axes produced after the burst of the single node cutting buds had reached their final length and entered flowering (T3). Buds were dissected under a stereo-microscope and leaf-like organs were removed and counted until only SAM remained, as described previously (Girault *et al.* 2008).

2.4.2. Evaluation and cartography of bud bursting

An axillary bud was considered as burst when its length was at least 1 cm and when at least the tip of the first leaf was visible outside the scales (Girault *et al.* 2008). For each cultivar, bud bursting on the primary axis was recorded three times a week from the stage where the flower bud was visible (FBV) at the apex of the primary axis until the first wave of secondary axes had flowered.

For cartography, since the two genotypes of roses showed a very pronounced leaf polymorphism along the stem, the primary axis could be easily divided into three distinct zones: (1) the basal zone extending from the base of the stem to the first node bearing the first five leaflet leaf, (2) the apical zone extending from the node bearing the last apical five leaflet leaf to the floral bud (not included), (3) the medial zone including all the metamers located between the basal and the apical zones. In this medial zone, the leaves bore between five and seven leaflets. The percent of bud bursting was determined for each zone.

2.5 Morphological characterization of the primary and secondary axes

2.5.1. Length and diameter

At the end of the experiments, the number of secondary axes with at least three internodes was determined. The length of primary and secondary axes and their stem diameter at one centimeter from the basis of the axis were measured. The leaf sequences (successions of nodes and number of leaflets per leaf) were also recorded.

2.5.2. Mass production and water content

Fresh (FW) and dry (DW) weights of stems were determined at the end of the experiments. Dry mass was determined after drying for 72h in a drying oven (60°C). Linear mass (LM) was calculated using the formula: *LM= DW/Length of axis*. Water content (WC) was calculated using the formula: *WC= (FW- DW/ FW) *100*.

2.5.3. Leaf area (LA) and leaf mass area (LMA)

Total leaf area and leaf dry mass were measured on each plant at the end of the experiments. Leaf area was determined using "ImageJ" software ((National Institute of Health, Bethesda, MD, USA) and leaf dry mass was determined after drying for 72h in an oven (60°C). Leaf mass area (LMA) was determined using the formula: *LMA= leaf dry mass/ leaf area*.

2.6 Statistics analysis

Experiments were replicated at least three times. The number of treated plants in each experiment is described in the figures. Statistical analyses were carried out using StatBox 6.6 software (Grimmersoft, France). They focused on a comparison, by the Student's t-test, between means measured under blue light and white light. The Asterisks (*), (**) and (***)indicate significant differences between light treatments at the 0.05, 0.01 and 0.001 levels respectively.

Tableau III: Effect of light quality on photosynthesis parameters and on pigment contents in the leaves of *Rosa hybrida* 'Radrazz' and *Rosa chinensis* 'Old blush' after 6 weeks of culture under white light (WL: 110 µmol m^{-2} s^{-1}) or blue light (BL: 110 µmol m^{-2} s^{-1}). Values in brackets represent SE with 20 plants. *, ** and*** indicate significant differences between white light and blue light treatments at 0.05, 0.01 and 0.001 levels respectively.

Genotype	'Radrazz'		'Old blush'	
Light treatment	WL	BL	WL	BL
Photosynthesis parameters				
- CO$_2$ assimilation rate (µmol m^{-2} s^{-1})	1.71 (±0.45)	1.27 (±0.35)*	2.87 (±0.89)	1.20 (±0.59)***
- Stomatal conductance (mmol H$_2$O m^{-2} s^{-1})	115 (±25)	166 (31)***	105 (±37)	178 (±20)**
- Intercellular CO$_2$ concentration (µmol CO$_2$ mol^{-1})	383 (±30)	398 (±10)	342 (±25)	392 (±10)***
Pigment contents (mg g^{-1})				
- Chlorophyll a	229 (±32)	194 (±25)*	199 (±53)	210 (±51)
- Chlorophyll b	99 (±15)	67(±10)**	89 (±18)	80 (±31)
- Chlorophyll a / chlorophyll b	2.6 (±0.1)	2.9 (±0.2)***	2.2 (±0.5)	2.7 (±0.3)*
- Carotenoids	32 (±7)	19 (±4)***	43 (±8)	41 (±8)

Tableau IV: Mean number of leaf-like organs (primordia, young leaves and scales) within cuttings buds on the day of stem severing (T0), in rooted cuttings (T1), on the beginning of the light treatment (T2) and average number of leaves and scales on the primary axis at the "floral bud visible" stage (T3) under white light (WL: 110 µmol m^{-2} s^{-1}) or blue light (BL: 110 µmol m^{-2} s^{-1}) in *Rosa hybrida* 'Radrazz' and *Rosa chinensis* 'Old blush'. Values in brackets represent SE with $n = 40$ plants.

Stage	T0	T1	T2	T3	
Light treatment	WL	WL	WL	WL	BL
Cv. 'Radrazz'	8.2 (±0.8)	9.4 (±0.7)	10.5 (±0.8)	11.4 (±0.8)	11.8 (±0.9)
Cv. 'Old blush'	8.1 (±0.8)	8.2 (±0.8)	9.3 (±0.9)	10.1 (±0.7)	10.2 (±0.8)

3. RESULTS

3.1 Effect of blue light on photosynthesis in *Rosa*

Under white light, the CO_2 assimilation rate (A) of mature leaves from 6 week-old plants from Cv. 'Radrazz" and Cv. 'Old Blush' was respectively 1.71 and 2.87 µmol CO_2 m^{-2} s^{-1}. When plants were grown under blue light, these assimilation rates dropped significantly to respectively 1.27 and 1.20 µmol CO_2 m^{-2} s^{-1} (Table III). This was concomitant with a reduction in photosynthetic pigment (chlorophyll a and b and carotenoid) contents in Cv. "Radrazz" and with an increase of chl a/b ratio in both cultivars (Table III). Blue light also increased the stomatal conductance (gs) of leaves from the two cultivars (Table III) as well as the intracellular CO_2 content of leaves from Cv. "Old Blush" (Table III).

3.2 Effect of blue light on Rose plant development

3.2.1. Morphological characteristics of the primary axes

While the organogenic activity of SAM in cutting buds was totally inhibited under darkness (data not shown) and as previously demonstrated in beheaded rose plants (Girault *et al.* 2008), white light induced organogenesis in cuttings buds as shown in Table IV. Interestingly, when cuttings were grown under blue light, the same amount of organogenic activity was produced in both cultivars as shown by the number of foliar organs and internodes found on first axes upon growth arrest and flowering (Tables IV and V). Growth of these axes was also as efficiently stimulated by blue as by white light since no significant difference was observed in any of their six studied morphological characteristics (diameter and length, number and average length of internodes, linear mass, and water content).

Tableau V: Effect of light quality on the morphological characteristics of the primary axes of *Rosa hybrida* 'Radrazz' and *Rosa chinensis* 'Old blush' after 6 weeks of culture under white light (WL: 110 µmol m^{-2} s^{-1}) or blue light (BL: 110 µmol m^{-2} s^{-1}). Values in brackets represent SE with 40 plants. *** indicates significant difference between white light and blue light treatments at 0.001 level.

Genotype	'Radrazz'		'Old blush'	
Light treatment	WL	BL	WL	BL
Axis diameter (mm)	3.2 (± 0.4)	3.2 (±0.2)	2.8 (±0.2)	2.5 (± 0.4)
Axis length (mm)	186 (±53)	179 (±75)	176 (±87)	168 (±71)
Average number of internodes	11.4 (±0.8)	11.9 (±1.8)	10.0 (±1.6)	10.2 (±1.4)
Average lengh of internodes (mm)	16.0 (±3.4)	14.7 (±4.2)	17.0 (±6.0)	15.8 (±4.7)
Linear mass of primary stem (mg cm^{-1})	17.6 (±4.0)	18.0 (±4.8)	12.5 (±2.4)	11.6 (±2.9)
Water content (%)	70 (±3)	68 (±2)	71 (±3)	70 (±1)
Leaf area (cm^2)	251 (±52)	215 (±45)	118 (±37)	122 (±35)
Leaf mass area (mg cm^{-2})	3.6 (±0.6)***	4.5 (±0.5)	3.6 (±0.5)	3.5 (±0.6)

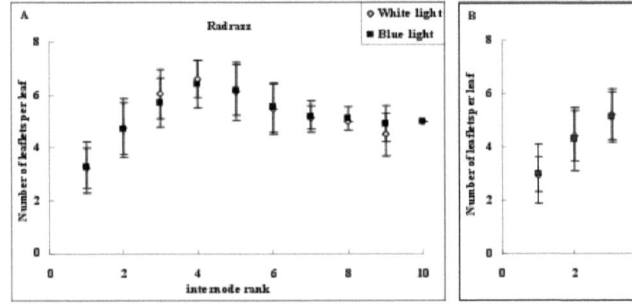
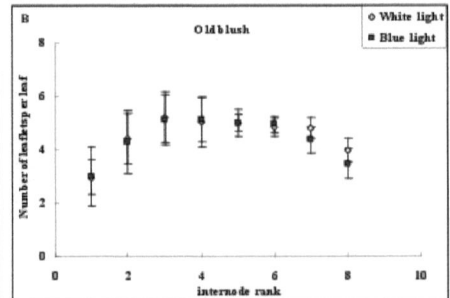

Figure 12: Effect of light quality on the number of leaflets per leaf along the primary axis of *Rosa hybrida* 'Radrazz' (A) and *Rosa chinensis* 'Old blush' (B) after 6 weeks of culture under white light (110 µmol m^{-2} s^{-1}) or blue light (110 µmol m^{-2} s^{-1}). Only nodes bearing at least one leaflet leaf were considered for the identification of internode ranks. Error bars represent SE with n= 40 plants. No significant difference was noted between white light and blue light treatments.

Blue light could also induce the same morphogenetic pattern of development in leaf primordia since similar compound leaves were obtained under this light quality and under white light, and no difference in total leaf area (Table V) or pattern of leaflet distribution (Fig. 12) was observed compared to white light. The single significant difference that was noted was the increase in leaf mass area (LMA) under blue light in Cv. 'Radrazz' (Table V).

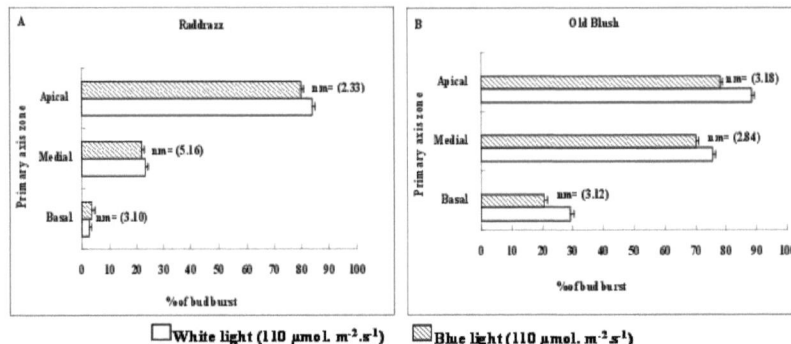

Figure 13: Bud burst per zone along the primary axis of cultivars *Rosa hybrida* 'Radrazz' (A) and *Rosa chinensis* 'Old blush' (B) after 6 weeks of culture under white light or blue light. nm= number of buds per zone. Error bars represent SE with n= 40 plants. No significant difference was noted between white light and blue light treatments.

Tableau VI: Effect of light quality on the morphological characteristics of the secondary axes of *Rosa hybrida* 'Radrazz' and *Rosa chinensis* 'Old blush' after 6 weeks of culture under white light (WL: 110 µmol m^{-2} s^{-1}) or blue light (BL: 110 µmol m^{-2} s^{-1}). Values in brackets represent SE with 40 plants. No significant difference was noted between white light and blue light treatments.

Genotype	'Radrazz'		'Old blush'	
Light treatment	WL	BL	WL	BL
Average number of axes	3.0 (± 0.5)	2.9 (±0.5)	5.0 (±0.4)	4.6 (± 0.9)
Axis length (mm)	107 (±10)	104 (±11)	107 (±24)	122 (±5)
Average number of internodes	8.3 (±0.3)	8.0 (±0.6)	7.4 (±0.8)	8.5 (±0.5)
Average length of internodes (mm)	13.0 (±0.8)	13.0 (±0.2)	14.1 (±1.6)	14.2 (±1.3)

3.2.2. Growth and development of secondary axes

Blue light induced the same amount of bud burst on primary axes (24 ±13% ; 46 ±18%) than white light (27% ±9%; 59 ±18%) for Cv. 'Radrazz' and Cv. 'Old Blush' respectively, with no change in the cartography of bud bursting along the primary axes (Fig. 13). The strong acrotonic bud burst pattern characterizing Cv. 'Raddrazz' under white light was for instance similarly expressed under blue light (Fig. 13). The secondary axes derived from the burst buds were as long and composed of as many internodes as the secondary axes produced under white light (Table VI).

Tableau VII: Effect of light quality on percentage of flowering of primary axes and on flower characteristics in *Rosa hybrida* 'Radrazz' and *Rosa chinensis* 'Old blush'. Values in brackets represent SE with n= 20 plants. *** indicate a significant difference between white light (WL: 110 µmol m^{-2} s^{-1}) and blue light (BL: 110 µmol m^{-2} s^{-1}) treatments at 0.001 levels.

Genotype	'Radrazz'		'Old blush'	
Light treatment	WL	BL	WL	BL
Percentage of flowering of primary axes	90.8 (±2.3)	90.7 (±6.4)	80.8 (±6.3)	78.6 (±4.6)
Flower diameter (mm)	83 (±10)	80 (±8)	57 (±8)	61 (±8)
Petal number	9.1 (±1.3)	9.9 (±2.3)	24.3 (±5.7)	27.3 (±8.8)
Peduncle length (mm)	49 (±5)***	35 (±5)	70 (±8)***	58 (±7)

Figure 14: Open flowers produced by *Rosa hybrida* 'Radrazz' (A) and *Rosa chinensis* 'Old blush' (B) plants after 6 weeks of culture under white light (110 µmol m^{-2} s^{-1}) or blue light (110 µmol m^{-2} s^{-1}).

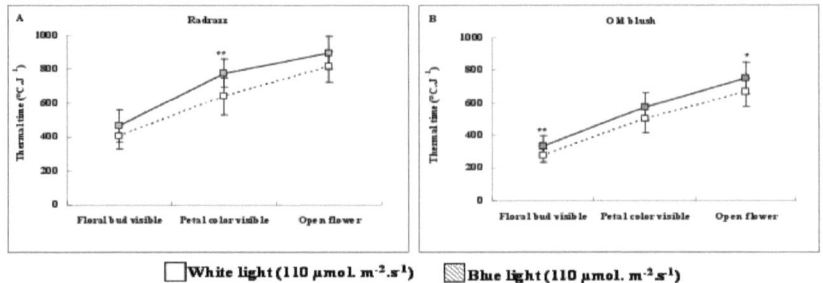

Figure 15: Thermal time required for the primary axis of *Rosa hybrida* 'Radrazz' and *Rosa chinensis* 'Old blush' cultivated under white light or blue light to reach the different flower stages. Error bars represent SE with n= 20 plants. * and ** indicate significant differences between white light and blue light treatments at 0.05 and 0.01 levels respectively.

3.2.3. Flower development

As well as for vegetative development, blue light could sustain full reproductive development in the two rose cultivars and as efficiently as white light. Hence, a similar percent of flowering axes was obtained under both light conditions (Table VII) and normal development of floral organs was observed under blue rays in both cultivars (Fig 14). Only flower peduncles appeared shorter under blue light (Table 15). Under blue light, and in both cultivars, the pace of floral development was slowed down by three days as indicated Fig 15.

4. DISCUSSION

The objective of this study was to measure the effects of blue light on both the photosynthetic activity and the morphogenesis of two rose cultivars, *Rosa hybrida* 'Radrazz' and *Rosa chinensis* 'Old Blush', and to evaluate whether such light treatment could modify their architecture. Unlike most studies published to date on the impact of blue light in plants (Wilson *et al.* 1993; Maas et al. 1995a; Sarala *et al.* 2007), we examined the effects of blue light throughout the full development of the plants, starting from one single bud through to the entire vegetative development of two axes orders and their flowering. This allowed for a precise evaluation of the impact of blue light on the most important morphogenetic events (SAM organogenesis, metamer and leaf growth and development, flower induction and organogenesis). We demonstrated that under blue light, the two rose genotypes presented vegetative and floral developments that were normal and similar to those observed under white light. In fact, blue light did not affect the organogenetic activity of the shoot apical meristem or the growth capacity of the metamers. Nevertheless, photosynthesis was affected by blue light treatment.

Our measurements indeed revealed a strong reduction (-25% in Cv. 'Raddrazz' and -58% in Cv. 'Old Blush') in leaf CO_2 assimilation rate in both cultivars under blue light. Since plants were grown under similar photosynthetic efficiencies (110 µmol m^{-2} s^{-1}) under both light treatments, the observed reduction in CO_2 assimilation rate under blue light could not be explained by the reduced photosynthetic quantum yield of blue photons (McCree 1972), nor could it be explained by a decrease in LMA, stomatal conductance or intercellular CO_2 concentrations under blue light. In our hands, LMA which is known to correlate positively with the photosynthetic capacity of leaves (Oguchi et al. 2003), was at least similar (in Cv. 'Old Blush') or higher (in Cv. 'Raddrazz') under blue light than under white light. Similarly, blue light stimulated stomatal conductance in each of the two cultivars as well as intercellular CO_2 concentrations in Cv. 'Old Blush', thus reducing stomatal limitation to photosynthesis (Lawson et al. 2008). The increased values of these two parameters (stomatal conductance and intracellular CO_2 concentration) in roses are in accordance with the reported effect of blue light on stomatal opening in plants (Karlsson and Assmann 1990; Hogewoning et al. 2010). On the contrary, the reduced amount of photosynthetic pigments (chlorophyll a and b, as well as carotenoids) in the leaves of Cv. 'Raddrazz' under blue light could contribute to the decrease in the CO_2 assimilation rate, as shown in the bean (Barreiro et al. 1992). However, since no such reduction was observed in Cv. 'Old Blush', other mechanisms such as a reduction in mesophyll conductance (Brugnoli and Björkman,1992; Flexas et al. 2008; Loreto et al. 2009) or a change in chloroplast distribution (Wada et al. 2003) may probably control the regulation of carbon assimilation under blue light in the rose.

The reduced assimilation rates measured under blue light had surprisingly little impact on the growth of the two rose cultivars. Features such as shoot or internode length, diameter, dry weight of primary and secondary axes or leaf area were identical under both light treatments. The pace of development was only slowed by three days under blue light. Such a lack of effect of a reduced assimilation rate on plant growth and biomass was also reported in *Lindera melissifolia* under increasing irradiance (Aleric and Kirkman 2005). This may reflect a modified carbon partitioning between roots and aerial organs, as suggested by Aleric and Kirkman (2005), although no obvious difference in root system development was observed under either light regime in our rose genotypes (data not shown). Alternatively, this may reflect the impact of other environmental factors affecting our culture system.

The single effect of blue light on growth was observed in Cv. 'Radrazz' with an increased LMA. Such increase together with the higher ratio chl a/ b observed under blue light may contribute to plant acclimation as reported for other species under various blue light treatments (Rajapske and Kelly 1993; Hogewoning *et al.* 2010; Macedo et al. 2011).The absence of change of LMA in 'Old blush' cultivar may reflect different strategies to adapt to this particular light environment and may partly explain the difference in intensity in the impact of blue light on CO_2 assimilation between the two cultivars.

Concerning roses photomorphogenesis, while the absence of light completely abolishes morphogenesis and burst in rose buds (Girault *et al.* 2008), our experiments demonstrate that blue light is able to induce full, normal vegetative and floral developments in these same buds. More precisely, our morphometric data show that neither the organogenetic activity of apical shoot and axillary meristems nor the growth capacity of the metamers is affected by blue light. As such, a non-significant different number of internodes were produced by SAM on first and second order shoots when grown under white or blue lights. While most of the first order shoot internodes were already formed within the cutting bud upon initiation of the light treatments (Table 2), it is striking to observe that a reduced light spectrum, missing important morphogenetically active radiations (MAR, Varlet-Grancher *et al.* 1993) such as red and far-red light, had no impact on the differentiation of the axillary buds born by the primary axis, nor on their capacity to produce normal metamers in numbers similar to those under white light. Moreover, the branching pattern along the first order shoots was not modified by blue light. Observation of the leaves that developed on the axes of both ranks revealed no difference in leaf shape between the two light conditions, and no change in the distribution of the 3-, 5- and 7-foliolate leaves along the axis. Similarly, shoot apical meristems were as efficiently induced to flower and were able to differentiate normal and as numerous floral organs under blue light as under white light. Even though flower initiation is an autonomous process in *Rosa* (Bredmose and Hansen 1996), which does not require a specific light regime, it is well known that in this crop, unfavorable light conditions such as too low irradiance levels (Nell and Rasmussen 1979; Maas *et al.* 1995b) can cause the arrest or the abortion of flower buds, causing blind shoots (Dambre et *al.*, 2000).

Overall, these results indicate that unlike numerous plants, the development of which is affected by blue light (Mortensen and Stromme 1987; Rajapakse and Kelly 1993; Brown *et al.* 1995; Li *et al.* 2000), *Rosa* is capable of quantitatively as well as qualitatively adjusting the mechanisms that sustain its growth under a modified light spectrum. This reflects the strong adaptive properties of this plant to its light environment. At the molecular level, this suggests that in the rose, blue light can trigger all of the photomorphogenic processes induced by white light. For example, sink activity of rose shoot apices, which was shown to be modulated by red light (Mor *et al.* 1980), was likely induced by blue light in our experiments, since plant development, which requires a sharp control of sink/source allocations, was identical under both white and blue light conditions. This finding highlights the redundancy of the light signaling pathways involved in photomorphogenic responses in the rose, as we have previously suggested for bud bursting (Girault *et al.* 2008; 2010) and our results converge well with the recent observations on the quintuple phytochrome mutant of *Arabidospsis thaliana* where exposure to blue light could bypass several developmental arrests due to the lack of red light photomorphogenic signals (Strasser *et al.*, 2010).

Our work thus confirms that blue light photoreceptors, mainly cryptochromes, phytochromes and phototropins (Whitelam and Halliday 2007) play important roles in the regulation of morphogenetic responses to light quality in the rose. Their respective roles should be studied further.

ACKNOWLEDGEMENTS: This research was supported in part by INRA Département Environnement-Agronomie and by the Ministère de l'Enseignement Supérieur de Tunisie who delivered a grant to F. Abidi. C. Bouffard, S. Chalain, B. Dubuc and A. Lebrec, are greatly acknowledged for their help in plant propagation.

5. Conclusion

Dans cet article, nous avons montré que la culture de jeunes rosiers sous éclairement bleu monochromatique affecte l'activité photosynthétique des deux cultivars de rosier étudiés : 'Radrazz' et 'Old Blush'. Mais d'une manière étonnante, la lumière bleue monochromatique est capable d'induire une organogenèse du méristème, une croissance des métamères et un développement des fleurs similaires à ceux induits par un spectre lumineux complet. Le développement normal des plantes sous une lumière bleue monochromatique révèle les fortes propriétés d'adaptation des rosiers à leur environnement lumineux. Il indique également que l'ensemble des processus photo-morphogénétiques nécessaires au développement végétatif et floral de ces deux cultivars de rosier peut être déclenché par les longueurs d'onde bleues.

Dans une stratégie d'application de conditions lumineuses spécifiques visant à moduler l'architecture de la plante, il semble, en tout cas pour les deux cultivars de rosier étudiés, que le choix d'une lumière bleue monochromatique soit à proscrire. Par contre, compte-tenu des effets du spectre bleu sur l'élongation des axes, mentionnés chez plusieurs espèces, on peut se demander si la suppression ou la modulation de l'intensité de la lumière bleue dans la lumière d'éclairement peut permettre de modifier l'architecture de la plante ? Cette question fait l'objet du deuxième chapitre de cette thèse.

CHAPITRE II : Effet de l'absence spectre lumineux bleu sur la photosynthèse et la morphogenèse chez le rosier

1. Introduction

Dans la profession horticole, la recherche de nouvelles techniques pour réduire l'utilisation excessive des régulateurs de croissance, qui sont pour la plupart des produits chimiques dangereux pour l'environnement et la santé humaine, bénéficie d'un intérêt considérable. Une alternative récente qui se développe consiste en la manipulation de la qualité de la lumière grâce à l'utilisation de filtres sélectifs. Cette technique a été d'abord utilisée pour étudier l'effet de la lumière rouge sur la croissance des végétaux (Mortensen et Stromme, 1987; Rajapakse et al., 1992; Rakapakse et Kelly,1995), par la suite plusieurs travaux se sont intéressés à l'étude l'effet du spectre lumineux bleu. Chez chrysanthème, les travaux de Li et al. (2000) ont montré que l'enrichissement de la lumière d'éclairement par des spectres de longueur d'ondes courtes (telles que le spectre bleu) réduisait considérablement la longueur de ces plantes. En utilisant cinq filtres qui diffèrent par leur capacité de transmission du spectre bleu, Khattak et al. (2004) ont mis en évidence, chez le muflier *(Antirrhinum majus)*, que les réductions les plus importantes de hauteurs des plantes ont été observées chez les plantes cultivées sous les filtres transmettant le plus les raies bleues.

Chez le rosier (*Rosa hybrida* L.), la lumière joue un rôle prépondérant dans les processus fondamentaux du développement et de la croissance. Les travaux de Girault et al. (2008) ont montré que contrairement aux bourgeons d'autres espèces, ceux du rosier avaient un besoin absolu de lumière pour débourrer. Jusqu'à présent, l'effet de la lumière sur la croissance et le développement du rosier a été principalement étudié en termes d'intensité; avec moins de travaux attachés à l'étude de la qualité de la lumière dans le sens de sa composition spectrale. De plus, la majorité des études décrites dans la littérature ont été réalisées sur des rosiers destinés à la production des fleurs coupées afin d'améliorer la qualité et d'augmenter la quantité de tiges florales. L'effet de la lumière bleue sur la croissance des rosiers (*Rosa hybrida* cv. Meijikatar) a été mis en évidence en utilisant des filtres qui absorbent la lumière rouge alors qu'ils transmettent la lumière bleue. Il a ainsi été montré que la lumière transmise au travers de ces filtres réduisait considérablement la longueur des entre-nœuds et des tiges de rosier (Rajapakse et Kelly, 2003). Ces mêmes travaux ont révélé aussi que la culture en présence de ces filtres ne modifiait pas le nombre de fleurs produites mais leur diamètre était significativement réduit. Chez le rosier *Rosa hybrida* 'Mercedes' (Maas et Bakx, 1995) et 'Meirutral (Rajapakse et al., 1999) la diminution de l'intensité des raies bleues dans la lumière d'éclairement stimule l'allongement des tiges.

Aucun travail n'a été mené à l'heure actuelle sur la compréhension des mécanismes physiologiques et moléculaires responsables de l'allongement des tiges chez le rosier. Chez d'autres espèces telles que le concombre (Cosgrove, 1988; Kigel et Cosgrove, 1991), il a été montré que l'allongement des métamères était dû dans un premier temps à des changements dans l'extensibilité des parois cellulaires et non pas à des changements dans les propriétés hydrauliques des cellules (potentiel osmotique, absorption de l'eau, turgescence). Les données bibliographiques disponibles indiquent que l'extensibilité des parois cellulaires, est contrôlée par certaines protéines qui agissent sur la structure moléculaire de la paroi cellulaire et permettent ainsi le relâchement pariétal (Cosgrove, 2005). Il s'agit notamment des expansines, des endotransglycosylase xyloglucane/hydrolases (XTH), des xyloglucan endotransglycosylases (XET) et des β-glucosidases (Yokoyama et Nishitani, 2004). Dans un second temps et à long terme, l'élongation prolongée des tiges nécessiterait (i) une augmentation de l'assimilation chlorophyllienne pour fournir l'énergie nécessaire à la synthèse des constituants cellulaires et (ii) une augmentation de l'absorption des solutés pour compenser la perte de potentiel osmotique due à l'augmentation des volumes cellulaires. La demande accrue pour les sucres dans les tissus en expansion peut être satisfaite par un taux important d'hydrolyse du saccharose ou du sorbitol en sucres simples (glucose, fructose) par des enzymes comme la saccharose-synthase, les invertases acides pariétales et vacuolaires et la sorbitol déshydrogénase. Chez certaines espèces, l'activité de ces enzymes est en effet positivement corrélée au taux d'expansion cellulaire (Morris et Arthur, 1984, 1985).

L'objectif de notre étude a été de déterminer l'effet de l'intensité de la lumière bleue sur des caractères architecturaux du rosier-buisson. Pour réaliser cette étude, la croissance de plantes de rosier a été suivie depuis le stade bouture jusqu'au stade floraison des rameaux secondaires, sous différentes intensités de lumière bleue dans le spectre blanc. Plusieurs caractères morphologiques ont été mesurés dont la longueur des axes et leur diamètre, le nombre, la longueur et la masse linéaire des entre-nœuds, ainsi que les pourcentages de débourrement des bourgeons axillaires le long du rameau primaire. Afin d'avancer dans la compréhension des effets de la lumière bleue sur le développement des axes de rosiers, des analyses physiologiques, histologiques et moléculaires ont été menées. Ainsi, l'assimilation chlorophyllienne des feuilles matures, leurs teneurs en pigments chlorophylliens, la différenciation des stomates et des tissus chlorophylliens ont été étudiées. De même, l'élongation des cellules épidermiques ainsi que l'expression relative de gènes candidats impliqués dans l'expansion pariétale au sein des entre-nœuds ont été analysées. L'ensemble de ces résultats est discuté en fin de chapitre.

2. Matériels et Méthodes

2.1 Matériel végétal et modalités de culture

Deux cultivars de rosiers de jardin à port buissonnant, *Rosa hybrida* 'Radrazz' (Knock out®) et *Rosa chinensis* 'Old blush', ont été étudiés. Des boutures simple-nœud sont prélevées sur la partie médiane de tiges des pieds mères. Ces boutures sont placées dans des mottes FERTISS (FERTIL) sous forte hygrométrie. L'enracinement est achevé 4 à 5 semaines après le bouturage. Les boutures enracinées non débourrées sont ensuite transférées dans des pots de 500 ml contenant un substrat drainant (tourbe, perlite, fibre de coco (50/40/10, V/V/V)) fertilisé. Lorsque le bourgeon axillaire de la bouture est légèrement gonflé, les plantes sont alors transférées dans des enceintes (modèle KBW720 avec régulation de l'intensité lumineuse, Binder) pour l'application des traitements lumineux jusqu'à complet développement des axes secondaires (environ 2 mois). La floraison des axes a été caractérisée par 3 stades repères : (i) stade bouton floral visible (BFV) correspondant à l'apparition du bouton floral, (ii) stade couleur pétales visible (CPV) correspondant au stade où les sépales commencent à s'ouvrir et révèlent ainsi le couleur des pétales et enfin (iii) stade fleur épanouie (FE) correspondant au stade où les étamines sont visibles.

2.2 Traitements lumineux

Soixante plantes (30 de chaque cultivar) ont été cultivées dans des chambres de croissance sous des conditions climatiques constantes (température: 25 ° C ± 3; humidité relative: 80% ± 5; photopériode: 16h/24h) et irriguées avec une solution nutritive préparée à partir d'engrais

Tableau VIII: Caractéristiques des traitements lumineux appliqués aux plants des rosiers étudiés.

	Spectre lumineux complet	Spectre lumineux dépourvu des raies bleue
Energie (337-867 nm) Wm^2	14.6	12.2
Flux de photons photosynthétiques (400-700nm) (µmol. m^{-2}.s^{-1})	73.7	70.4
Efficience (350-750 nm) µmol. m^{-2}.s^{-1}	56.4	54.8
Flux de photons bleus (µmol. m^{-2}.s^{-1})	17.4	0.11
RC/RS 600-700/700-800	6.56	6.35
Zeta 655-665/725-735	4.59	4.54

Peter Exel (1g.l^{-1}; pH 5,6; CE 1.77ms.cm^{-1}). Trente plantes ont été soumises à une lumière blanche contenant de la lumière bleue (17.4 µmol.m^{-2}.s^{-1} de flux de photons bleus), produite par des tubes fluorescents Osram Fluora L 18W/77 alors que trente autres plantes ont été soumises à une lumière dépourvue de raies bleues, obtenue en plaçant sur ces mêmes tubes fluorescents des filtres Roscolux orange. Le flux de photons photosynthétiques ainsi que l'efficience photosynthétique ont été calculés selon la formule proposée par Sager *et al.* (1988) à partir du spectre lumineux mesuré par un spectroradiomètre calibré (Avantes). L'efficience photosynthétique a été ajustée pour être similaire entre les deux traitements lumineux (Tab. VIII).

2.3 Etude des paramètres morphologiques

Les plantes ont été soumises au traitement lumineux jusqu'à la fin de croissance des axes secondaires. A ce stade les paramètres suivants ont été mesurés:

2.3.1. Mesure de longueur des axes et des métamères

Les longueurs finales des axes primaires, des axes secondaires ainsi que les longueurs des métamères ont été mesurées à l'aide d'un digitaliseur (Microscribe G2LX) relié à un ordinateur de saisie.

2.3.2. Mesure des poids frais et sec des métamères des axes primaires

Sur chaque axe, trois métamères ont été étudiés: le métamère basal portant la première feuille à cinq folioles non atrophiées, le métamère apical portant la dernière feuille à cinq folioles, ainsi que le métamère médian. Le poids frais de ces métamères a été déterminé à l'aide d'une balance de précision (0.1 mg) au moment de la récolte. Ces métamères ont été ensuite séchés dans une étuve (60°C pendant 72h) puis de nouveau pesés pour déterminer leur poids sec.

Détermination de la masse linéaire sèche (mg.mm^{-1}) : Poids sec (mg)/ Longueur (mm)

2.3.3. Mesure de poids frais et sec des racines

A la fin du traitement lumineux, les racines ont été nettoyées sous l'eau du robinet pour éliminer tout le substrat puis l'eau de surface a été éliminée avec du papier absorbant. Les poids frais et secs de ces racines ont été déterminés selon le mode opératoire utilisé pour peser les métamères (1-3 b).

2.3.4. Analyse du développement floral

Les dates d'émergence des bourgeons axillaires des boutures ainsi que les dates d'apparition des boutons floraux ont été notées afin de calculer le temps thermique nécessaire à chaque plante pour atteindre le stade BFV. Au stade CPV, le diamètre du bouton floral a été mesuré à l'aide d'un pied à coulisse. Au stade fleur épanouie (FE), le diamètre de la fleur ainsi que le nombre de pétales et de sépales a été mesurés ou comptés.

2.4 Suivi cinétique de l'allongement des métamères

Des boutures enracinées de *Rosa chinensis* 'Old Blush' ont été cultivées dans des chambres de croissance, sous des conditions climatiques constantes (température: 25 ° C ± 3; humidité relative: 80% ± 5; photopériode: 16h/24h) et irriguées avec une solution nutritive préparée à partir d'engrais Peter Exel (1g.l-1 ; pH 5,6; CE 1.77ms.cm^{-1}). Elles ont été soumises à quatre conditions d'éclairement différant par le flux de photons bleus dans la lumière blanche: un spectre lumineux complet contenant 17.4 µmol.m^{-2}.s^{-1} de photons bleus (correspondant au spectre des néons blancs (Mastec 36 Watt; white/33 cool)), deux spectres lumineux contenant des quantités de photons bleus réduites (3.25 et 2.90 µmol.m^{-2}.s^{-1} de photons bleus) et un spectre lumineux quasiment dépourvu de bleu (0.11 µmol.m^{-2}.s^{-1} de photons bleus). Ces trois dernières conditions d'éclairement ont été obtenues en plaçant sur les tubes néons blancs, respectivement une ou deux couches de feuille Supergel 317 APRICOT (Rosco, Londres, UK), ou une couche de feuille Supergel 15 DEEP STRAW (Rosco, Londres, UK). L'efficience photosynthétique a été ajustée pour être similaire entre les différents traitements lumineux.

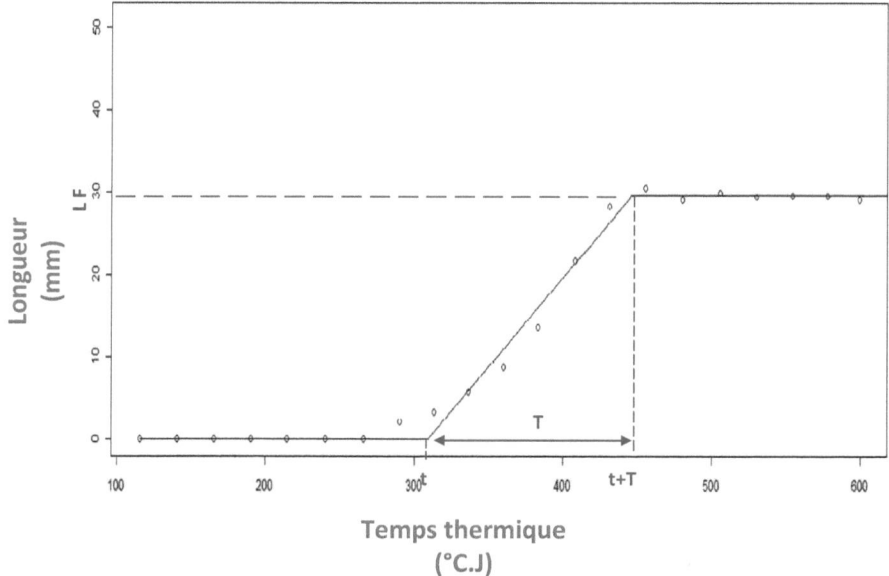

Figure 16: Cinétique d'allongement d'un métamère ajusté par la méthode des moindres carrés. Les symboles représentent les mesures réelles, les lignes sont les droites obtenues par ajustement, t marque le début d'élongation, T est la durée d'élongation et t+T marque la fin d'élongation, LF est la longueur finale du métamère.

Pour chaque traitement lumineux, les cinétiques d'allongement journalier des entre-nœuds des axes primaires de 15 plantes ont été suivies, de façon non destructive, jusqu'à la fin de leur croissance. Plus précisément, les longueurs des entre-nœuds ont été mesurées chaque jour à la même heure (10h du matin) à l'aide d'un digitaliseur (Microscribe G2LX) relié à un ordinateur de saisie. Trois répétitions biologiques ont été conduites.

Les cinétiques d'allongement ont été exprimées en fonction du temps thermique (somme des températures journalières reçues par les plantes) pour s'affranchir des effets sur la croissance de températures légèrement différentes entre répétitions ou entre modalités.

Les cinétiques d'allongement ont été analysées comme une succession de phases disjointes à l'aide du logiciel R (figure 16). Trois phases peuvent être distinguées: une phase exponentielle, une phase d'allongement linéaire et une phase d'arrêt de croissance. L'ajustement des cinétiques a été fait par la méthode des moindres carrés d'une fonction $f(x)$:

Soit $f(x)$ tel que : $x < t$; $f(x) = 0$

$t < x < t+T$; $f(x) = (x-t)/T$

$x > t+T$; $f(x) = LF$

Avec t = temps de début d'élongation ; T = temps d'élongation ; $t+T$ = temps de fin d'élongation ; LF = Longueur finale du métamère.

La vitesse d'élongation (V) est calculée selon la formule : $V = LF/T$

2.5 Mesure de la longueur des cellules épidermiques des métamères

La longueur des cellules épidermiques des entre-nœuds a été mesurée grâce à la technique des empreintes cellulaires sur 15 plantes des deux cultivars 'Radrazz' et 'Old blush', cultivées en enceintes climatiques (modèle KBW720 avec conditions climatiques constantes température: 25 °C ± 3; humidité relative: 80% ± 5; photopériode: 16h/24h) depuis le stade bouture enracinée. Deux conditions lumineuses ont été étudiées: (i) une lumière blanche contenant de la lumière bleue (17.4 $\mu mol.m^{-2}.s^{-1}$ de flux de photons bleus), produite par des tubes fluorescents Osram Fluora L 18W/77 et (ii) une lumière dépourvue de raies bleues obtenue en plaçant sur ces mêmes tubes fluorescents des filtres Roscolux orange. Trois répétitions biologiques ont été effectuées. A la fin de l'élongation de l'axe primaire, une goutte de vernis à ongle a été étalé sur une surface de 1 cm^2 sur deux métamères de référence: un métamère de la zone apicale (dernière feuille à 5 folioles) et le métamère médian de la tige (métamère à 7 folioles). Une fois le vernis sec, le bord de la couche de vernis a été soulevé à l'aide d'une aiguille et d'une pince fine puis déposé entre lame et lamelle dans une goutte d'eau. La face qui était en contact avec les tissus épidermiques, a été orientée vers le haut. L'observation des cellules a été réalisée à l'aide d'un microscope (Axioskop 2 plus, Zeiss, GX 20) et la longueur des cellules (20 par métamère) a été mesurée grâce au logiciel AxioVision Zeiss.

2.6 Etude anatomique et histologique des feuilles

2.6.1. Fixation et déshydratation des fragments de feuilles

Sur les rosiers cultivar 'Old Blush', cultivés sous spectre lumineux blanches ou sous spectre lumineux dépourvu de raies bleues, sur 15 plantes par modalité, la dernière feuille à cinq folioles de l'axe primaire a été récoltée une fois sa croissance achevée. Des segments de 1 cm^2 des parties médianes des folioles terminales ont été fixés 2 heures sous vide dans 2 ml de glutaraldéhyde sur glace. Le vide a été cassé très progressivement plusieurs fois durant les 2 heures de traitement. Après fixation, les échantillons ont été rincés dans 3 bains successifs d'eau distillée puis déshydratés progressivement par des bains successifs (20 min) d'éthanol de concentrations croissantes: 50, 70, puis 95 et enfin dans 4 bains d'éthanol absolu.

2.6.2. Inclusion en résine et coupes histologiques

Les échantillons fixés et déshydratés ont été orientés et inclus dans la résine Technovit 7100 (Technovit® by Kulzer) et séchés à 37°C. Ils ont été ensuite débités en coupes transversales de 3 µm d'épaisseur à l'aide d'un microtome automatique Leica RM 2165 puis colorés au bleu de toluidine (0.5% M/V) pendant 1min30. Les coupes ont été observées à l'aide d'un microscope Olympus BH-RFC couplé à une caméra 3CCD SONY. La mesure de l'épaisseur des tissus a été effectuée grâce au logiciel Scion Image.

2.6.3. Dénombrement des stomates foliaires

L'observation des stomates sur les échantillons fixés et déshydratés a été réalisée directement, sans autre préparation, à l'aide d'un microscope électronique à balayage MEB JEOL-JSM-63017au SCIAM (Service Commun d'Imagerie et d'Analyse Microscopique) de l'Université d'Angers. Sur chaque feuille (15 par modalité), trois segments médians ont été analysés.

2.7 Mesure de l'activité photosynthétique foliaire

Les mesures d'assimilation nette ont été effectuées à l'aide d'un système IRGA de type CIRAS 1-PP Systems (Combined Infra-Red Gaz Analyser de PP Systems) à la fin de la croissance des axes primaires sur la feuille à 5 folioles la plus apicale. Les mesures ont été enregistrées au sein des chambres de culture sous les conditions lumineuses appliquées: une lumière blanche contenant de la lumière bleue (17.4 µmol.m^{-2}.s^{-1} de flux de photons bleus), produite par des tubes fluorescents Osram Fluora L 18W/77 et une lumière dépourvue de raies bleues. Les mesures ont été réalisées sur 15 plantes par traitement lumineux

2.7.1. Principe du Ciras 1-PP Systems

Le CIRAS 1-PP System est un appareil permettant des mesures de flux de CO_2 et de flux de vapeur d'eau dans des conditions naturelles ou contrôlées pour le CO_2 et le *PAR*. Cet appareil est composé d'une unité centrale pour le contrôle, l'analyse et l'enregistrement des mesures et d'une chambre d'assimilation (pince) qui permet les mesures de flux à l'échelle de la feuille grâce à des tuyaux véhiculant les flux de gaz.

Quand une feuille est placée entre les deux mâchoires de la pince du Ciras (les joints en caoutchouc mousse permettent l'étanchéité au niveau de la pince), elle se trouve dans un volume d'air fermé dans sa partie supérieure par une fenêtre transparente laissant passer la lumière. La feuille délimite ainsi deux chambres indépendantes, l'une en dessous de l'autre. L'air qui arrive est réparti entre les deux chambres. L'air qui sort des chambres est réuni et envoyé à l'analyseur différentiel qui mesure la variation des concentrations en vapeur d'eau et en CO_2. Ainsi l'assimilation nette va être calculée par unité de surface foliaire grâce à la formule suivante:

$An = C_{in} W - C_{out}(W+E)$ (µmol.m^{-2}.s^{-1}) où C_{in} et C_{out} sont les concentrations en CO_2 à l'entrée et à la sortie de la chambre d'assimilation (ppm), W est le flux molaire (mol.m^{-2}.s^{-1}) et E est la transpiration de la feuille (mmol.m^{-2}.s^{-1}).

La mesure de la concentration de l'air en vapeur d'eau est utilisée pour l'estimation de la transpiration et de la conductance stomatique (gs) de la feuille qui vont être utilisées pour calculer la concentration intercellulaire en CO_2.

2.7.2. Dosage des pigments chlorophylliens.

Les feuilles utilisées pour les mesures photosynthétiques ont aussi été utilisées pour le dosage des pigments chlorophylliens. Les teneurs en pigments chlorophylliens ont été déterminées par spectrophotométrie. Des fragments de feuilles (0.2g) ont été placés dans 5 ml d'acétone à 80%.pendant 72 h à 4°C. La teneur en pigments a été déterminée par la mesure de l'absorbance (DO) à 646.8, 663.2, et 470.0 nm à l'aide d'un spectrophotomètre (Cary 100 scan). Les teneurs en chlorophylle et en caroténoïdes ont été déterminées selon la formule de Torrecillas *et al*. (1984).

Chl.a (mg.g^{-1} MF) = (12.25 $DO_{663.2}$) − (2.79* $DO_{646.8}$)

Chl.b (mg.g^{-}MF) = (21.5 $DO_{646.8}$) − (5.1* $DO_{663.2}$)

*Chl. totale (mg.g^{-1} MF) = 7.15 $DO_{663.2}$ + 18.71 $DO_{646.8}$

* Caroténoïdes (mg.g^{-1} MF) = (1000DO_{470}-1.82*chla - 85.02*chlb)/198

2.8 Analyse de l'expression de gènes candidats au sein des métamères

2.8.1. Choix des amorces et tests d'efficacité

Une condition primordiale pour la fiabilité des résultats en RT-PCR quantitative est l'utilisation d'un couple d'amorces efficace pour l'amplification de la séquence cible. Un tel couple d'amorces est un couple dont le comportement permet une amplification strictement exponentielle de la séquence d'ADN cible, au moins pendant les premières phases de la PCR. Pour cela, plusieurs critères ont guidé la sélection des amorces. Elles doivent avoir une longueur comprise entre 18 et 25 nucléotides, présenter une Tm de 64 ± 1°C d'après le calcul du logiciel Primer Express (utilisant la méthode du plus proche voisin) et générer un fragment de 60 à 150 pb maximum. Les couples retenus ne doivent pas pouvoir générer plusieurs amplicons. En effet, la compétition de fixation des oligonucléotides sur différents sites perturbe l'équilibre de la réaction, qui n'est alors plus représentative de la population du transcrit étudié.

Afin de déterminer l'efficacité de chaque couple d'amorces, ceux-ci sont testés expérimentalement sur une gamme d'ADNc. Cinq dilutions différentes (de 1/50 à 1/2500) d'ADNc sont utilisées. Les ADNc sont isolés à partir de métamères, en cours d'élongation, prélevés sous les deux conditions lumineuses.

2.8.2. Extraction d'ARN totaux

Des boutures enracinées de *Rosa chinensis* 'Old blush', ont été cultivées en enceintes climatiques (modèle KBW720 avec conditions climatiques constantes température: 25 ° C ± 3; humidité relative: 80% ± 5, photopériode: 16h/24h) sous deux conditions lumineuses:

une lumière blanche contenant de la lumière bleue (17.4 µmol.m^{-2}.s^{-1} de flux de photons bleus), produite par des tubes fluorescents Osram Fluora L 18W/77 et une lumière dépourvue de raies bleues obtenue en plaçant sur ces mêmes tubes fluorescents des filtres Roscolux orange. L'extraction des ARN totaux (ARNtx) est réalisée sur des métamères n°4 prélevés exactement au milieu de leur élongation finale sur des axes primaires. Le matériel végétal (~100 µg) est broyé dans l'azote liquide en présence de PVP40 (10% w/v) puis transféré dans un tube Eppendorf de 2 mL. La suite de l'extraction, comprenant un traitement à la DNAse, est réalisée grâce à un kit commercial (NucleoSpin RNA Plant, Macherey-Nagel), selon les conditions définies par le protocole du fournisseur.

Deux fractions aliquotes sont prélevées de façon à estimer d'une part la concentration en ARNtx par spectrophotométrie (DO 260 nm, Nanodrop Technologies), et d'autre part la qualité des ARNtx par migration sur un gel à 1,1% d'agarose. Le gel d'agarose est alors mis en présence d'une solution de bromure d'éthidium (0.5 µg.mL^{-1}, TAE 0,5X) pendant 15 minutes puis est observé sous lumière UV.

Afin de vérifier l'efficacité du traitement à la DNAse, une PCR sur ARNtx est réalisée. Aux 1µL d'ARNtx sont ajoutés 19µL de mélange réactionnel (10.2µL d'eau DEPC, 1 µL de dNTP 10 mM, 1.6 µL de MgCl$_2$, 50 mM, 1 µL d'amorce eA01A 10 µM, 1 µL d'amorce eA01B 10 µM, 0.2 µL de Platinum Taq DNA polymérase (5 U.µL-1, Invitrogen)) et 4 µL de tampon 10X de la Platinum Taq DNA polymérase (Tris-HCl 200 mM pH 8.4, KCl 500 mM). Les amorces eA01A et eA1B sont spécifiques du gène codant le facteur d'élongation ef1α et encadre un intron, ce qui permet de déceler la présence d'ADN génomique dans la préparation d'ARN (amplification d'un fragment de 800 pb). L'amplification de cDNA produit un fragment de 200 pb.

Les réactions de PCR sont réalisées selon le programme suivant :
- 4 min à 94°C,

Tableau IX: Séquences nucléotidiques des expansine (EXP), des Xyloglucan transglycosylases/Hydrolases (XTH), de xyloglucan endotransglycosylase (XET), de l'aquaporine (PIP), du glucosidase hydrolase (B-glu), du sorbitol déshydrogénase (SOD), de l'invertase acide vacuolaire (IAV) et du saccharose synthase (SUSY) utilisées pour les RT-PCR quantitatives en temps réel.

Denomination	GenBank	Sequences nucléotidiques	Efficacités
Expansine			
Rh EXPA1	AB370116.1	5'-TGCTGAGACCATCAAAGCTCCTC-3'	1.03
Rh EXPA2	AB370117.1	5'-CTTCGTCACCGCCACCAACT-3'	1.13
Rh EXPA3	AB370118.1	5'-CATGGCGAGGTCGAAGTGG-3'	1.09
Xyloglucan transglycosylase/Hydrolases			
Rh XTH1	AB428378.1	5'-TCAAACCACTCTCTCTGTGTTGCAC3'	1.02
Rh XTH2	AB428379.1	5'-GGAGCTGCCATTGTTGCAGA3'	0.93
Rh XTH3	AB428380.1	5'-GGTTGGCTATCACAAGAGCTGGA3'	0.99
Rh XTH4	AB428381.1	5'-CCTACTGGGCCTCCGACCAT-3'	0.98
xyloglucan endotransglycosylase			
Rc XET	GU320707.1	5'-CCCTGCCGAGTGCAAGAGAG3'	1.22
Aquaporine			
Rh PIP2.1	EU572717.1	5'-AACGAATGGTCCGACCCAGA-3'	0.92
Glucosidase hydrolase			
B-glu	EC588220.1	5'-TTGCAGCACCTTCGAACTGG-3'	0.88
Sorbitol déshydrogénase			
SDH	EC588220.1	5'-GTGCTACTCGTCCTGGTGGCAAAGT-3'	
Invertase acide vacuolaire			
IAV	AIROq.5	5'- GGG TCA CGG AAA TCG GTG GTT AAA -3'	0.98
Sucrose Synthase			
SUSY	SUSYROq.6	5'AAAGACCCTTCTCACTGGGACAAGA-3'	0.99

- 40 cycles de 30 s à 94°C, 30 s à 55°C, 1 min à 72°C,
- 7 min à 72°C.

Les amplifiats sont contrôlés sur un gel d'agarose 1.1%. Après migration électrophorétique, le gel d'agarose est mis en présence d'une solution de bromure d'éthidium (0.5 µg.mL^{-1}, TAE 0.5X) pendant 15 minutes puis est observé sous lumière UV. L'absence d'amplification est significative de la pureté des ARNtx.

Les expériences de RT-PCR quantitative en temps réel sont réalisées en plaques de 96 puits recouvertes d'un film plastique transparent prévu pour la détection optique ('Multiplate Lowprofile 96-well PCR plates' et 'Microseal B adhesive seals', Bio-Rad).

Le protocole est une PCR à 2 températures où l'hybridation des amorces et l'élongation se font à 60°C. La réaction de PCR est réalisée selon les conditions suivantes :
- 2 min à 50°C,
- 10 min à 95°C,
- 40 cycles de 15 s à 95°C, 60 s à 60°C,
- Réalisation de la courbe de fusion: montée en température de 50°C à 98°C à 0.1°C.s^{-1} (avec lecture de la fluorescence tous les 0.5°C).

A chaque fin de PCR, une courbe de fusion est réalisée afin d'évaluer la température de fusion du produit amplifié. Cette température de fusion dépend de la taille et de la séquence du produit amplifié ; elle permet donc de contrôler la présence d'un seul amplicon.

Au moment de l'analyse des résultats, les valeurs de Ct sont utilisées après avoir fixé le seuil de la ligne de base à 0.05.

A la fin de la PCR, la droite $Ct = f$ *(log 'dilution relative entre deux points de la gamme')* est réalisée. La régression linéaire est tracée et le coefficient de corrélation calculé ($0.95 \leq r^2 \leq 1$). La pente de la droite correspond à l'expression : *pente* = -1 / log (1+E).

La pente de la gamme étalon permet de déduire l'efficacité de la PCR selon l'équation suivante :

$E = 10$ (-1/pente) - 1

L'efficacité est acceptable lorsqu'elle est comprise entre 0.83 et 1.10. (Tab.IX).

2.8.3. Réverse transcription (Production d'ADNc)

Un µg de chaque préparation d'ARNtx est soumis à la réaction de reverse transcription (RT). Un µg d'ARNtx est dilué dans un volume final de 10 µL puis dénaturé 5 min à 65°C.

Cette étape permet d'éliminer les structures secondaires des ARNm qui pourraient gêner la RT. Neuf µL de mélange réactionnel sont alors ajoutés (4 µL de tampon 5X de la Superscript III Reverse Transcriptase (Tris-HCl 250 mM pH 8.3, KCl 375 mM, $MgCl_2$ 15 mM), 1 µL de RNAse inhibiteur (40 $U.µL^{-1}$, Promega), 1 µL de DTT 0.1M, 1 µL de dNTP 10 mM, 1 µL d'oligo(dT)18 (0.5 $mg.mL^{-1}$) et 1 µL d'eau DEPC)). Le mélange est ensuite incubé pendant 5 min à température ambiante pour permettre l'accrochage des oligo(dT)18 sur les ARN. Puis 1 µL de Superscript III Reverse Transcriptase (200 $U.µL^{-1}$, Invitrogen) est ajouté au mélange qui est alors incubé pendant 2 h à 45°C. L'enzyme est inactivée par une incubation de 5 min à 95°C.

2.8.4. RT-PCR quantitative en temps réel

La RT-PCR quantitative en temps réel est une technique qui permet de mesurer l'expression des gènes *via* l'amplification spécifique du gène étudié par PCR. En utilisant la fluorescence comme système rapporteur, l'augmentation de la quantité d'ADN au cours de la PCR est enregistrée au fur et à mesure du temps. Après la PCR, les quantités d'ADN sont comparées dans la partie exponentielle de la courbe, moment pendant lequel l'augmentation de la quantité d'ADN est proportionnelle à la quantité initiale de matrice.

Le dispositif expérimental disponible au laboratoire est un Chromo4 Real-Time PCR Detection System (Bio-Rad). Il est composé d'un thermocycleur classique associé à un système d'intégration des données de fluorescence, interfacé sur un ordinateur PC qui contrôle le fonctionnement de l'ensemble. Une diode électroluminescente produit une lumière monochromatique centrée à 485 nm et transmise optiquement jusqu'à la plaque de PCR. Le SYBR® Green, fluorophore présent dans le mélange réactionnel, est excité à cette longueur d'onde et émet une fluorescence verte à 520 nm. Le rayonnement émis est capté par une photodiode (système de détection) et enregistré dans la mémoire de l'ordinateur. Le SYBR® Green est une molécule qui se fixe dans le petit sillon de l'hélice de l'ADN. Son rendement quantique de fluorescence (intensité du rayonnement émis) augmente significativement lorsqu'il est fixé à l'ADN double-brin. Ainsi, grâce à cette molécule et au système d'intégration des données de fluorescence, la progression de l'amplification est suivie à chaque cycle et en temps réel. Un puits contrôle ne contenant pas d'ADN mais de l'eau permet de visualiser la fluorescence propre du SYBR® Green non fixé.

Principe

Le logiciel Opticon Monitor™ permet d'une part de programmer et de contrôler le déroulement des expériences et d'autre part, de stocker les données et de les exploiter. A la fin de la PCR, le logiciel représente graphiquement l'augmentation de la fluorescence de chaque puits au cours des cycles successifs. Le nombre de cycles étant placé en abscisse et le logarithme de l'intensité de la fluorescence en ordonnée, les amplifications suivent une courbe sigmoïdale en trois phases. Pendant la première phase (pouvant durer de 15 à 25 cycles), la fluorescence du puits contenant de l'ADN ne se démarque pas du bruit de fond. Puis l'augmentation de la fluorescence passe par une phase exponentielle (deuxième phase, 5 cycles environ) avant de ralentir et atteindre un plateau (dernière phase). Le cycle-seuil ou Ct (threshold cycle) correspond au cycle au cours duquel la fluorescence d'un échantillon devient significativement différente du bruit de fond. Cette ligne de base, déterminée par l'utilisateur après analyse des profils de fluorescence lors des cycles précédents la phase exponentielle, permet de comparer toutes les amplifications lors de la phase exponentielle. Il existe une réaction linéaire entre le nombre de copies d'un gène présent initialement dans le puits et le cycle-seuil. Si N est le nombre de copies du gène au cycle Ct de la PCR et $N0$ le nombre de copies présentes au départ dans le tube, le nombre de copies du gène au cycle Ct peut être exprimé par la formule :

$N = N0 . (1 + E).Ct$ où E est l'efficacité de la PCR

Grâce à cette formule, il est possible de connaître la quantité d'ADNc pour chaque valeur de Ct. Des comparaisons de valeurs de Ct permettent d'analyser les résultats et d'obtenir un ratio d'expression de chaque gène d'intérêt.

Conditions expérimentales

Les expériences RT-PCR quantitative en temps réel sont réalisées en plaques de 96 puits recouvertes d'un film plastique transparent prévu pour la détection optique ('Multiplate Low-profile 96-well PCR plates' et 'Microseal B adhesive seals', Bio-Rad). Le mélange réactionnel contient, dans un volume final de 25 µL, 12.5 µL de iQ SYBR® Green Supermix 2X (Tris-HCl 40 mM pH 8.4, KCl 100 mM, 0.4 mM de chaque dNTP, 50 $U.mL^{-1}$ d'iTaq DNA polymérase, $MgCl_2$ 6 mM, SYBR® Green I, fluorescéine 20 nM, stabilisants), 0.75 µL d'amorce sens 10 µM, 0.75 µL d'amorce antisens 10 µM, 6 µL d'eau DEPC et 5 µL d'ADNc purifiés et dilués au $1/100^{ème}$.

Le protocole est une PCR à 2 températures où l'hybridation des amorces et l'élongation se font à 60°C. La réaction de PCR est réalisée selon les conditions suivantes :

*2 min à 50°C,

*10 min à 95°C,

*40 cycles de 15 s à 95°C, 60 s à 60°C,

*Réalisation de la courbe de fusion : montée en température de 50°C à 98°C à 0.1°C/s (avec lecture de la fluorescence tous les 0.5°C).

A chaque fin de PCR, une courbe de fusion est réalisée afin d'évaluer la température de fusion du produit amplifié. Cette température de fusion dépend de la taille et de la séquence du produit amplifié ; elle permet donc de contrôler la présence d'un seul amplicon

Pour chaque condition testée, 3 répétitions techniques et 3 répétitions biologiques sont réalisées. Au moment de l'analyse des résultats, les valeurs de Ct sont utilisées après avoir fixé le seuil de la ligne de base à 0.05

Analyse des résultats

La méthode choisie pour analyser les résultats de RT-PCR quantitative en temps réel est la méthode des Delta-Delta de Ct ($2^{-\Delta\Delta Ct}$), mise au point par Livak et Schmittgen (2001). C'est une méthode de quantification relative qui consiste en la comparaison directe de deux conditions données, *i.e.* en la détermination du ratio de la quantité de transcrits entre deux conditions (par exemple, le ratio de la quantité de transcrits d'un gène d'intérêt juste après décapitation et 24 h après décapitation).

Cette approche nécessite la quantification en parallèle, pour chaque condition, de la quantité de transcrits d'un gène de référence. L'expression de celui-ci ne doit pas varier entre les deux conditions comparées. Les gènes les plus souvent utilisés comme références sont des gènes dits «de ménage» comme, par exemple *EF-1α* (facteur d'élongation) ou encore *GAPDH* (glycéraldéhyde-3-phosphate déshydrogénase). Chez *Arabidopsis thaliana*, une étude menée par Czechowski *et al.* (2005) a permis la mise en évidence de plusieurs gènes aux expressions stables dans plusieurs conditions et d'établir un classement des meilleurs gènes de référence.

Tableau X: Caractéristiques morphologiques des axes primaires de rosiers, cultivars 'Radrazz et 'Old blush', cultivés sous spectre lumineux complet et spectre lumineux dépourvu des raies bleues. Chaque valeur représente la moyenne de 45 plantes (***P≤ 0.001 **P≤ 0.01 * ≤0.05).

Genotype	'Radrazz'		'Old blush'	
Traitement lumineux	Spectre lumineux complet	Spectre lumineux dépourvu des raies bleues	Spectre lumineux complet	Spectre lumineux dépourvu des raies bleues
- Diamètre (mm)	2.3 (±0.2)	2.5 (±0.2)	2.4 (±0.2)	2.3 (±0.2)
- Longueur des axes (mm)	186 (±53)	209 (75)	143 (±39)	209 (±33) ***
- Nombre d'entre-nœuds	11.4 (±0.8)	11.9 (±1.8)	8.7 (±1.6)	9.4 (±1.6)
-Longueur des entre-nœuds (mm)	16.0 (±3.4)	14.7 (±4.2)	16.7 (±2.0)	23.9 (±2.9) ***
-Masse linéaire des métamères apicaux (mg.mm^{-1})	2.2 (±0.6)	1.9 (±0.4)	1.2 (±0.6)	1.6 (±0.4)
-Masse linéaire des métamères médians (mg.mm^{-1})	2.7 (±0.9)	2.7 (±0.7)	0.9 (±0.3)	2.5 (±0.7) ***
-Masse linéaire des métamères basaux (mg.mm^{-1})	3.2 (±0.2)	4.5 (±0.2)	1.8 (±0.9)	4.5 (±0.9) ***

Plusieurs de ces gènes de référence ont été testés: *EF-1α*, *GAPDH*, *UBC* (Ubiquitine-C) et *18S* (sous-unité ribosomique). Un classement de ces gènes a été réalisé grâce au logiciel geNorm (Vandesompele *et al*., 2002), logiciel composé de macros Microsoft Excel permettant de déterminer le gène de référence le plus stable parmi un ensemble de gènes testés. Les deux meilleurs gènes de référence dans nos conditions sont EF-1α et GAPDH (Girault *et al.*, 2010). La normalisation de nos données de RT-PCR quantitative en temps réel a été réalisée avec le gène *EF-1α*.

Les efficacités de chacune des réactions PCR (gène cible et gène de référence) sont prises en compte lors de l'analyse des résultats. Les résultats présentent la moyenne de l'expression relative de chaque gène d'intérêt ± erreur standard de 3 lots différents de matériel végétal.

2.9 Analyse statistique

Le nombre de plantes utilisées dans chaque expérimentation ainsi que le nombre de répétitions est indiqué dans la légende des figures. Les analyses statistiques entre les traitements ont été effectuées avec le test de Student, après avoir vérifié la normalité de la distribution de la variable.

3. Résultats

3.1 Effets de l'absence du spectre bleu sur le développement du rosier-buisson

Cette étude avait pour objectif de déterminer l'effet de l'absence du spectre bleu de la lumière d'éclairement sur la croissance de deux cultivars de rosiers de jardin à port buissonnant : *Rosa hybrida* 'Radrazz' (Knock out®), et *Rosa chinensis* 'Old blush'.

Nos résultats montrent que chez le cultivar 'Old blush', la suppression du spectre bleu dans la lumière d'éclairement stimule significativement l'élongation des axes primaires. Cette stimulation est de l'ordre de 46% par rapport aux plantes soumises à un spectre lumineux complet (Tab. X). L'élongation plus importante des axes primaires en absence des raies bleues est associée à une plus grande masse linéaire sèche des métamères basaux et médians (Tab. X).Sous les deux conditions lumineuses, les axes primaires présentent le même nombre de métamères, la longueur moyenne des métamères médians et basaux est par contre significativement plus grande en l'absence des raies bleues (Tab. X).

Tableau XI: Caractéristiques morphologiques des axes secondaires de rosiers, cultivars 'Radrazz et 'Old blush', cultivés sous spectre lumineux complet et spectre lumineux dépourvu des raies bleues. Chaque valeur représente la moyenne de 45 plantes (***P≤ 0.001 **P≤ 0.01 * ≤0.05).

Genotype	'Radrazz'		'Old blush'	
Traitement lumineux	Spectre lumineux complet	Spectre lumineux dépourvu des raies bleues	Spectre lumineux complet	Spectre lumineux dépourvu des raies bleues
- Nombre d'axes	2.0 (±0.6)	2.4 (±0.6)	3.2 (±0.8)	3.8 (±0.8)
- Longueur des axes (mm)	111(±33)	95 (±29)	125 (±32)	168 (±48) **
- Nombre des entre-nœuds	7.5 (±1.2)	7.3 (±1.0)	7.4 (±0.2)	8.2 (±0.3) *
-Longueur des entre- nœuds (mm)	14.7 (±3.5)	12.9 (±3.5)	16.9 (±3.2)	20.6 (±3.3) *

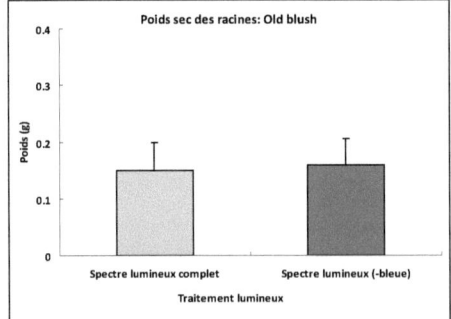 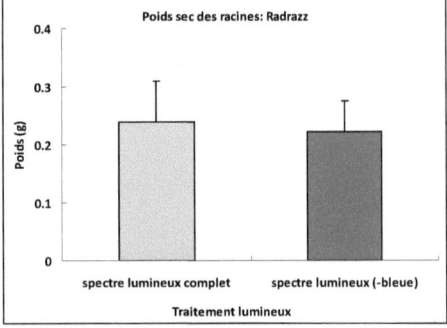

Figure 17: Poids sec des racines de rosier, cultivars Old blush et Radrazz, cultivés sous spectre lumineux complet et spectre lumineux dépourvu des raies bleues. Chaque valeur représente la moyenne de 30 plantes. Aucune différence statistique entre les deux traitements lumineux n'a été enregistrée.

Il est à noter qu'aucune différence de longueur n'a été observée sur les métamères apicaux pour les deux traitements lumineux (Tab. X). La stimulation de l'élongation des axes en l'absence du spectre bleu est donc due uniquement à une stimulation de l'élongation des entre-nœuds, aucun effet significatif n'ayant été constaté sur l'organogenèse, en particulier sur la formation des entre-nœuds.

La ramification des axes primaires n'est pas affectée chez le cultivar 'Old blush' par l'absence des raies bleues. En effet, aucune différence significative n'est observée entre les deux traitements lumineux sur le nombre d'axes secondaires produits (Tab. XI). L'élongation des axes secondaires, comme celle des axes primaires, est stimulée en absence du spectre bleu (+35%) (Tab. XI). Contrairement à ce qui a été observé pour les axes primaires, la plus forte élongation des axes secondaires est due à la fois à une élongation plus importante des entre-nœuds qui les composent mais aussi à une organogenèse plus importante (Tab. XI). En moyenne, près d'un métamère supplémentaire est observé sur les axes secondaires de plantes cultivées en l'absence de raies bleues (Tab. XI).

De manière étonnante, les mêmes conditions d'éclairement et de culture appliquées au cultivar 'Radrazz' n'induisent aucune modulation des caractéristiques morphologiques des axes primaires et des axes secondaires chez ce cultivar (Tab. X et XI).

Chez les deux cultivars de rosiers, la suppression du spectre bleu de la lumière d'éclairement, ne semble pas modifier le développement racinaire. En effet, aucune différence significative n'a été observée entre les poids secs de racines de plantes cultivées sous les deux traitements lumineux (Fig. 17).

Tableau XII : Développement floral et caractéristiques des fleurs de rosier, cultivars 'Radrazz' et 'Old blush', cultivés sous spectre lumineux complet et spectre lumineux dépourvu des raies bleues. Chaque valeur représente la moyenne de 30 plantes.

Genotype	'Radrazz'		'Old blush'	
Traitement lumineux	Spectre lumineux complet	Spectre lumineux dépourvu des raies bleues	Spectre lumineux complet	Spectre lumineux dépourvu des raies bleues
- Temps thermique pour atteindre la floraison (°C.J)	375 (±53)	372 (±67)	330 (±64)	350 (±61)
- Diamètre du bouton floral (mm)	7.3 (±1.6)	7.6 (0.3)	7.7 (±0.5)	7.6 (±0.3)
- Diamètre de la fleur (mm)	59.5 (±6.3)	59.3 (±5.2)	53.8 (±5.8)	58.7 (±5.8)
-Nombre de pétales	10.1 (±0.6)	10.3 (±0.7)	31.4 (±2.7)	31.1 (±2.9)
-Nombre de sépales	5 (±0.)	5 (±0)	5 (±0)	5 (±0)

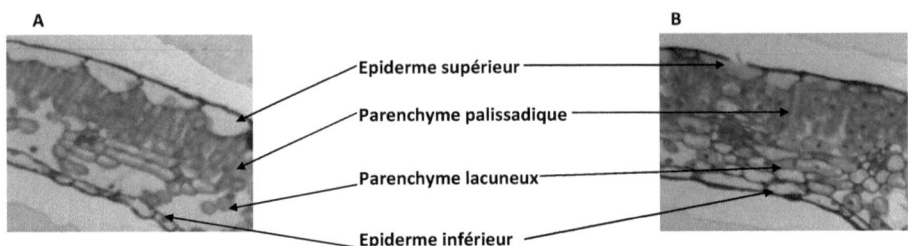

Figure 18: Observations microscopiques de coupes transversales des feuilles de rosiers, cultivar 'Old blush', cultivés sous spectre lumineux complet (A) ou sous spectre lumineux -bleue (B). Grossissement x20

De la même manière, et comme le montre le tableau XII, le temps thermique nécessaire pour atteindre le stade bouton floral visible ainsi que la morphologie de la fleur (diamètre du bouton floral, diamètre de la fleur épanouie et nombres moyens de pétales et de sépales par fleur) ne sont pas modifiés, chez les deux cultivars étudiés, par la suppression du spectre bleu de la lumière d'éclairement.

3.2 Impact de la lumière bleue sur l'anatomie des feuilles de rosier.

La figure 18 représente des coupes histologiques de feuilles de rosiers 'Old blush' cultivés sous spectre lumineux complet et sous spectre lumineux dépourvu des raies bleues. L'absence du spectre bleu dans la lumière d'éclairement modifie l'anatomie des feuilles. En effet les feuilles produites en l'absence de raies bleues sont plus fines, du fait en particulier d'un développement moindre du parenchyme lacuneux et d'un épiderme supérieur (adaxial) moins épais (Tab.XIII).

Tableau XIII: Effet de la qualité de la lumière sur l'épaisseur de différents tissus et sur le nombre de stomates des feuilles chez le rosier, cultivar 'Old blush', cultivé sous spectre lumineux complet ou sous spectre lumineux dépourvu des raies bleues. Significativité des différences entre traitements lumineux : * P<0.05.

Genotype	'Old blush'	
Traitement lumineux	Spectre lumineux complet	Spectre lumineux dépourvu des raies bleues
-Epiderme supérieur (µm)	4.58 (±0.88)	3.08 (±0.96) *
-Parenchyme Palissadiques (µm)	11.38 (±0.51)	11.98 (±0.81)
- Parenchyme lacuneux (µm)	12.08 (±1.44)	10.99 (±1.72) *
- Epiderme inférieur (µm)	3.05 (±0.91)	2.95 (±0.98)
- Epaisseur totale des feuilles (µm)	32.89 (±1.52)	28.22 (±1.81) *
- Nombre de stomate / cm^2	8490 (±1251)	9157(±1531)

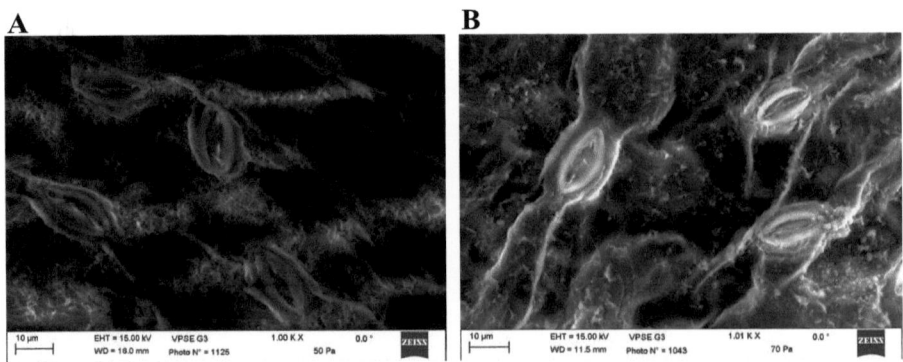

Figure 19: Observation à l'aide d'un microscope (grossissement X 20) de la face inférieure des feuilles de rosiers 'Old blush' cultivés sous spectre lumineux complet (A) ou sous spectre lumineux -bleu (B).

Par contre, et comme le montre la figure 19 et le tableau XIII, l'absence du spectre bleu dans la lumière d'éclairement n'a pas d'influence sur la densité des stomates au niveau de la face inférieure des feuilles de rosiers.

3.3 Impact de la lumière bleue sur l'activité photosynthétique des rosiers

L'élongation plus importante des métamères provoquée par l'absence des photons bleus dans la lumière d'éclairement est associée à une stimulation du taux d'assimilation photosynthétique (A) des feuilles matures qui passe de 1.4 $\mu mol.m^{-2}.s^{-1}$ sous spectre lumineux complet à 2.2 $\mu mol.m^{-2}.s^{-1}$ en absence du spectre bleu (tab. XIV). Ceci est corrélé à des teneurs en pigments chlorophylliens (chlorophylles et caroténoïdes) plus élevées en l'absence du spectre lumineux bleu (Tab. XIV). L'absence du spectre lumineux bleue de la lumière d'éclairement stimule aussi la conductance stomatique au niveau des feuilles de rosier *Rosa chinensis* 'Old blush', mais aucun effet n'a été enregistré sur la concentration intracellulaire de CO_2 (Tab. XIV).

Tableau XIV: Effet la qualité de la lumière sur les paramètres photosynthétiques et les teneurs en pigments chlorophylliens des feuilles de rosiers, cultivar 'Old blush', cultivés sous spectre lumineux complet ou sous spectre lumineux dépourvu des raies bleues. Les résultats présentés sont les moyennes de 45 plantes (± écart-type). Significativité des différences entre traitements lumineux : ***P≤0.001, **P≤ 0.01, * P≤0.05.

Genotype	'Old blush'	
Traitement lumineux	Spectre lumineux complet	Spectre lumineux dépourvu des raies bleues
Paramètres photosynthétiques		
-Taux d'assimilation photosynthétique (μmol m^{-2} s^{-1})	1.40 (±0.38)	2.24 (±0.39)***
-Conductance stomatique (mmol H_2O m^{-2} s^{-1})	76.28 (±24.84)	125.13 (±25.15)***
- Concentration de CO_2 intracellulaire (μmol CO_2 mol^{-1})	316 (±21)	321 (±17)
Teneurs en pigments (mg g^{-1})		
- Chlorophylle a	138,52 (±13.40)	190.14 (±23.67)***
- Chlorophylle b	75.02 (±11.33)*	61.75 (±14.20)
- chlorophylle totale	218.68 (±22.47)	258.76 (±34.85)***
- Caroténoïdes	46.72 (±4.70)	54.45 (±7.20) ***

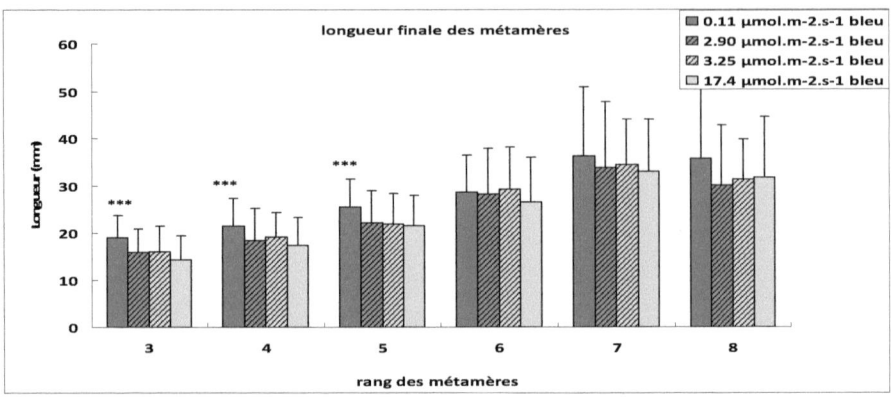

Figure 20: Longueur finale des métamères des axes primaires de rosiers, cultivar 'Old blush', cultivés sous différentes quantités de photons bleus dans la lumière d'éclairement (0.11, 2.9, 3.25 et 17.4 μmol.m^{-2}.s^{-1}). Les résultats présentés sont les moyennes de 45 plantes. Significativité des différences entre traitements lumineux (0.11 versus 17.4 μmol.m^{-2}.s^{-1} de photons bleus): ***P≤0.001

3.4 Effets de la quantité de flux de photons bleus sur l'élongation des entre-nœuds des axes primaires du rosier-buisson.

Une étude de dynamique de croissance a été menée sur des rosiers soumis à 4 intensités différentes de lumière bleue dans la lumière blanche. Cette étude a été réalisée uniquement sur le cultivar 'Old blush' puisque les résultats précédents ont montré que chez ce cultivar la suppression du spectre bleu de la lumière d'éclairement stimulait l'élongation des métamères des axes primaires et par conséquent accroissait la longueur finale des axes d'ordre primaire seulement sur ce cultivar. Quatre intensités de flux de photons bleus dans la lumière d'éclairement ont été testées: 0.11, 2.9, 3.25 et 17.4 $\mu mol.m^{-2}.s^{-1}$. Les intensités extrêmes (0.11 et 17.4) étant celles utilisées dans les expériences précédentes. Comme le montre la figure 20, la stimulation de l'élongation des métamères est d'autant plus forte que la quantité de photons bleus reçus par la plante est faible. Cette réponse concerne essentiellement les métamères basaux et médians (3 à 5). Cette réponse est rapidement saturée puisque sous l'intensité 2.9 $\mu mol. m^{-2}.s^{-1}$ de photons bleus, on n'observe plus d'accroissement par rapport à la lumière blanche qui contient 17.4 $\mu mol. m^{-2}.s^{-1}$. Pour les métamères plus distaux, aucun effet significatif de la diminution du flux de photons bleus sur leur élongation n'a été enregistré (Fig. 20).

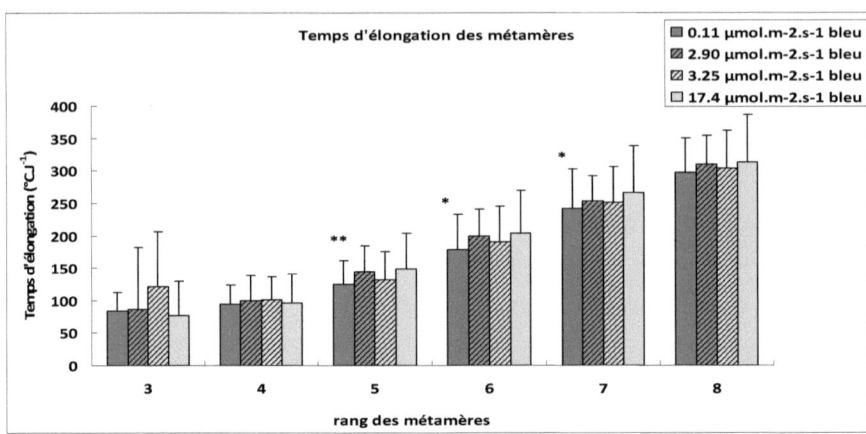

Figure 21: Temps thermique nécessaire pour l'élongation des métamères des axes primaires de rosiers, cultivar 'Old blush', cultivés sous différentes quantités de photons bleus dans la lumière.d'éclairement (0.11, 2.9, 3.25 et 17.4 µmol. $m^{-2}.s^{-1}$). Les résultats présentés sont les moyennes de 45 plantes. Significativité des différences entre traitements lumineux (0.11 versus 17.4 µmol.$m^{-2}.s^{-1}$ de photons bleus). **$P \leq 0.01$, * $P \leq 0.05$

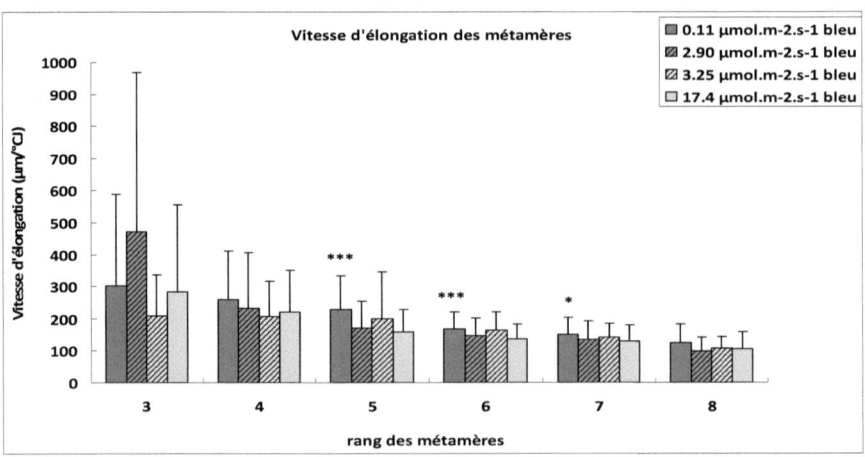

Figure 22: Vitesse d'élongation des métamères des axes primaires de rosiers, cultivar 'Old blush', cultivés sous différentes quantités de photons bleus dans la lumière d'éclairement (0.11, 2.9, 3.25 et 17.4 µmol. $m^{-2}.s^{-1}$). Les résultats présentés sont les moyennes de 45 plantes. Significativité des différences entre traitements lumineux (0.11 versus 17.4 µmol.$m^{-2}.s^{-1}$ de photons bleus). ***$P \leq 0.001$, * $P \leq 0.05$.

Le temps thermique nécessaire à l'élongation des métamères est réduit lorsqu'on diminue l'intensité de la lumière bleue dans la lumière d'éclairement (Fig. 21). Cet effet est plus marqué au niveau des métamères médians (5 à 7) (Fig. 21). L'analyse des cinétiques et l'ajustement des courbes par la méthode des moindres carrés a permis de calculer une vitesse moyenne d'allongement pour chaque métamère. La figure 22 montre que la vitesse d'élongation des métamères 5 à 7 est effectivement significativement plus élevée lorsque l'intensité de la lumière bleue est réduite.

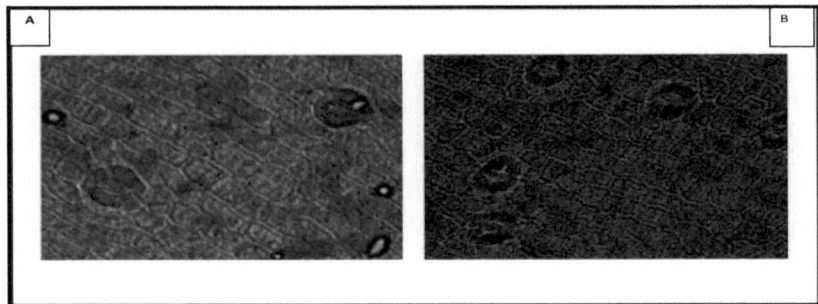

Figure 23 : Observation au microscope optique des cellules de la zone médiane (métamère n°4) de l'axe primaire de rosier, de cultivar 'Old Blush', cultivé en l'absence de raies bleues (A) et sous spectre lumineux complet (B). Grossissement x 20.

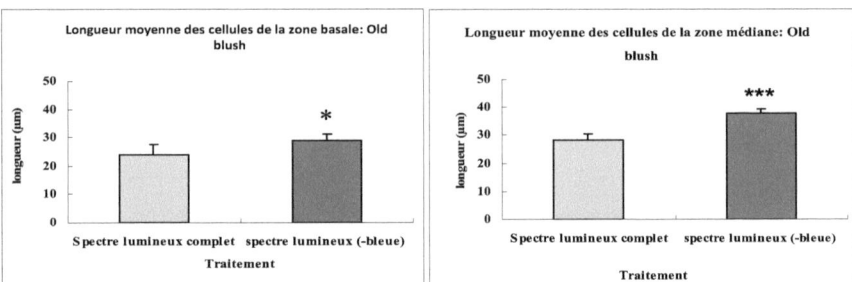

Figure 24: Longueur (μm) des cellules de la zone basale (métamère n°3) et de la zone médiane (métamère n°4) des axes primaires de rosiers, cultivar 'Old blush', cultivés sous spectre lumineux complet et sous spectre lumineux dépourvu des raies bleues. Chaque valeur représente la moyenne de 30 plantes. Significativité des différences entre traitements lumineux : ***P≤ 0.001, * P≤0.05.

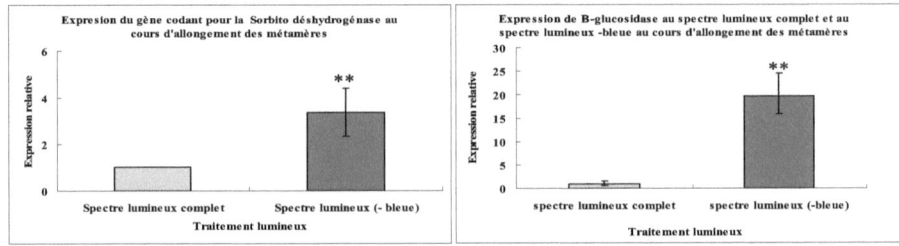

Figure 25 : Activité transcriptionnelle du gène codant pour la sorbitol déshydrogénase et pour la B-glucosidase au niveau du métamère n°4 de rosiers 'Old blush' cultivés sous spectre lumineux complet et sous spectre lumineux dépourvu de raies bleues. Significativité des différences entre traitements lumineux : **P≤ 0.01.

3.5 Impact de la lumière bleue sur l'élongation cellulaire des entre-nœuds

L'observation des empreintes cellulaires des entre-nœuds des axes primaires du cultivar 'Old Blush' montre que la suppression du spectre bleu de la lumière d'éclairement stimule significativement l'élongation des cellules épidermiques des entre-nœuds basaux et médians Cette stimulation est de l'ordre de 20% dans la zone médiane et de 12 % dans la zone basale par rapport aux cellules des plantes soumises à un spectre lumineux complet (Fig. 23 et 24).

3.6 Impact de la lumière bleue sur l'activité transcriptionnelle de gènes candidats

Pour mieux comprendre l'effet de la lumière bleue sur l'élongation des métamères, nous avons étudié l'expression de gènes potentiellement impliqués dans l'élongation cellulaire. L'activité transcriptionnelle des gènes présentés dans le tableau IX, dont les séquences de rosier étaient disponibles dans les banques de données publiques, a été mesurée par PCR quantitative en temps réel au cours de l'élongation des métamères n° 4, des plantes cultivées sous lumière blanche (17.4 $\mu mol.m^{-2}.s^{-1}$ de photons bleus) ou sous lumière blanche dépourvue de raies bleues (0.11 $\mu mol.m^{-2}.s^{-1}$ de photons bleus). Les expressions ont été normalisées en prenant le facteur EF-1α, comme gène de référence. Les résultats sont présentés sous forme d'expression relative par rapport à la condition de culture sous lumière blanche. Nos résultats montrent que l'absence de raies bleues dans la lumière d'éclairement stimule l'expression de la β-glucosidase et de la sorbitol déshydrogénase de manière très forte (Fig.25),

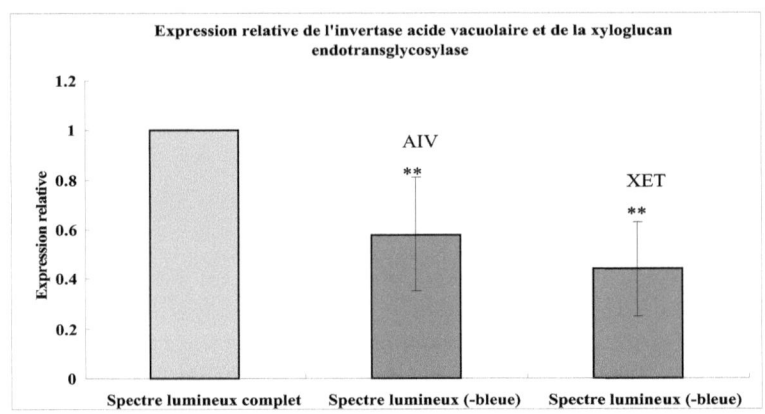

Figure 26 : Activité transcriptionnelle des gènes codant pour l'Invertase acide vacuolaire (*Rh* IAV) et le xyloglucan endotransglycosylase (*Rc* XET) au niveau des métamères n°4 de rosiers 'Old blush' cultivés sous spectre lumineux complet et sous spectre lumineux dépourvu des raies bleues. Significativité des différences entre traitements lumineux : **P≤ 0.01.

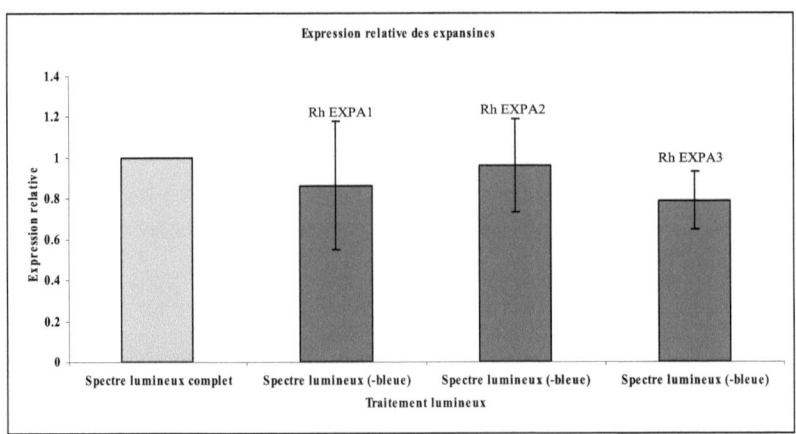

Figure 28 : Activité transcriptionnelle de gènes codant pour l'expansine (Rh EXPA1, Rh EXPA2et Rh EXPA3) au niveau des métamères n°4 de rosiers Old blush cultivés sous spectre lumineux complet et sous spectre lumineux dépourvu des raies bleues.

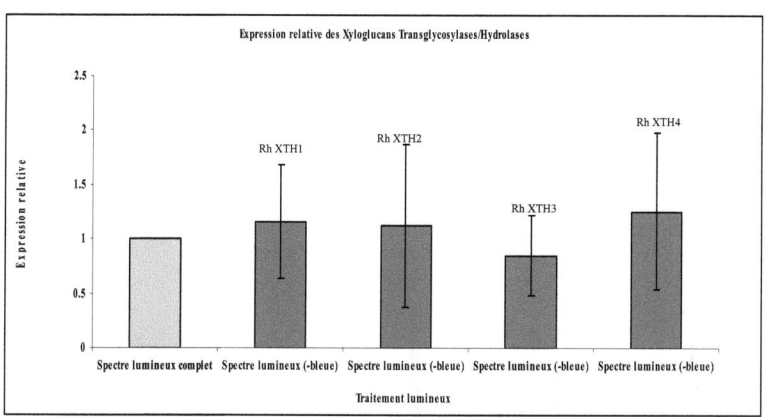

Figure 29 : Activité transcriptionnelle des gènes codant pour des Xyloglucans transglycosylases/Hydrolases (Rh XTH1, Rh XTH2, Rh XTH3 et Rh XTH4) au niveau des métamères n° 4 de rosiers 'Old blush' cultivés sous spectre lumineux complet et sous spectre lumineux dépourvu des raies bleues. Aucun effet significatif du traitement lumineux au seuil P<0.05.

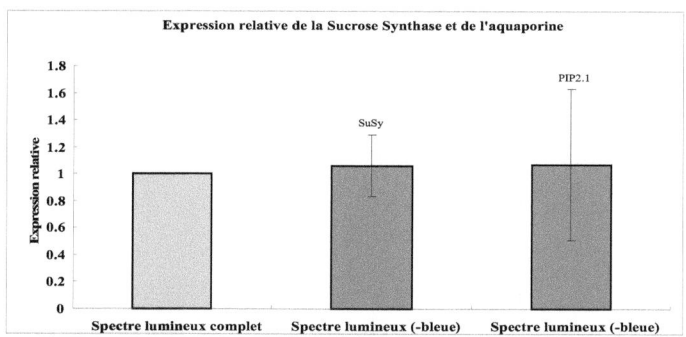

Figure 29 : Activité transcriptionnelle des gènes codant pour une aquaporine (*Rh* PIP2.1) et la saccharose Synthase (*Rh*SUSY) au niveau des métamères n°4 de rosiers 'Old blush' cultivés sous spectre lumineux complet et sous spectre lumineux dépourvu des raies bleues.

4. Discussion

Nos travaux ont montré que chez le rosier du jardin cultivar 'Old blush', la diminution de l'intensité du spectre bleu dans la lumière d'éclairement stimule l'élongation des axes principaux. Cela avait été aussi observé chez les rosiers à fleur coupée *Rosa hybrida* 'Mercedes' et *Rosa hybrida* 'Meijikatar' (Maas et Bakx, 1995), la pomme de terre (Yorio et *al.*, 1995), la laitue (Wheeler *et al.*, 1994), le soja (Dougher et *al.*, 1997) et le haricot (Maas et al., 1995a). De telles élongations de tige ont aussi été observées sous conditions d'ombrage artificiel (Morgan et *al.*, 1983, Warrington et *al.*, 1988). L'élongation des plantes sous des conditions lumineuses appauvries du spectre bleu pourrait-elle être alors considérée comme un syndrome d'évitement de l'ombre?

Une telle stimulation de croissance pourrait être due à une stimulation de la croissance racinaire comme cela a été observé chez le riz (Ohno et Fujiwara, 1967) mais nous avons pu montrer que l'absence de raies bleues ne modifiait pas la masse racinaire, ce qui semble exclure cette hypothèse. Notre étude a permis de mettre en évidence que la plus forte élongation des axes primaires en l'absence de raies bleues est due uniquement à une plus forte croissance des métamères qui les composent. Les informations concernant les mécanismes de l'inhibition rapide de l'élongation des tiges par la lumière bleue sont encore rares, mais Cosgrove et Green (1981) ont montré que les tiges de plantules de concombre cultivé en présence de lumière bleue deviennent plus rigides et que cette rigidité est due à l'augmentation de la pression de turgescence au niveau des cellules de l'hypocotyle.

Il est aussi intéressant de noter qu'au début du traitement lumineux les métamères basaux sont sensibles à la lumière bleue alors que cette sensibilité diminue au cours de la croissance des plantes puisque l'élongation des métamères apicaux n'est pas stimulée par l'absence du spectre bleu dans la lumière d'éclairement. Ce résultat pourrait être expliqué par l'adaptation rapide des plantes à leur environnement lumineux au cours de leur croissance. En effet, les métamères basaux qui se sont formés en premier ont été sensibles à la lumière bleue alors que les entre-nœuds distaux qui se sont formés en dernier ne l'étaient pas. Chez le concombre, la réponse à la lumière bleue est même plus rapide que chez le rosier, puisque 5 min d'éclairement avec une lumière riche en spectre bleu sont suffisantes pour inhiber la croissance des tiges mais au delà les plantes retrouvent leur croissance normale (Cosgrove, 1980)

Nos résultats ont révélé aussi que l'absence du spectre bleue stimulait l'élongation des axes secondaires chez le rosier 'Old blush' en partie par l'augmentation du nombre des métamères. Ceci suggère que sous cette condition d'éclairement, l'activité organogénique du méristème apical des bourgeons axillaires est stimulée au sein des bourgeons.

La stimulation de la croissance des axes du rosier cultivar 'Old Blush' en l'absence de la lumière bleue dans la lumière d'éclairement pourrait être liée en partie à l'augmentation très forte (64 %) de l'assimilation photosynthétique que nous avons mesurée dans cette condition. Une telle augmentation de l'activité photosynthétique des plantes lorsque l'intensité de la lumière bleue diminue a été rapportée précédemment chez d'autres végétaux comme le radis (*Raphanus sativus* L. cv. Cherriette), la laitue (*Lactuca sativa* L. cv. Waldmann's Green) et l'épinard (*Spinacea oleracea* L. cv. Nordic IV) (Yorio et *al.*, 2001) et confirme nos observations précédentes sur la sensibilité des rosiers à cette qualité de lumière puisque lorsqu'ils sont soumis à un éclairement exclusivement de lumière bleue, une forte diminution de l'assimilation chlorophyllienne est en effet mesurée (Abidi et *al.*, 2012)

Nos analyses des tissus foliaires de feuilles matures de rosier suggèrent que la diminution de l'éclairement bleu agit sur différents facteurs pouvant contribuer à l'augmentation de l'assimilation chlorophyllienne: une augmentation des teneurs en pigments chlorophylliens et en caroténoïdes, une augmentation de la conductance stomatique, une diminution de l'épaisseur des feuilles, en particulier de l'épiderme supérieur et du parenchyme chlorophyllien lacuneux. L'augmentation des teneurs en pigments chlorophylliens pourrait être en partie le résultat d'une densité plus élevée des cellules chlorophylliennes au sein de la feuille du fait de la diminution des lacunes du parenchyme lacuneux. Ces résultats sont en accord avec ceux de McMahon et Kelly (1995) qui ont mis en évidence que, chez le chrysanthème, l'utilisation des filtres pour réduire l'intensité de la lumière bleue et ultraviolette diminue les espaces intracellulaires au niveau du mésophylle (parenchyme lacuneux). La diminution de l'épaisseur de l'épiderme supérieur pourrait aussi contribuer à une meilleure captation de la lumière par les cellules chlorophylliennes sous-jacentes. La réduction de la photosynthèse en présence de spectre bleu pourrait aussi être due au mouvement des chloroplastes (Loreto et *al.*, 2009). En effet, les travaux de Wada et *al.*

(2003) ont mis en évidence que les phototropines, qui sont responsables du mouvement des chloroplastes, sont activées par la lumière bleue. La réponse d'évitement des chloroplastes induite par la lumière bleue affecte la conductance du mésophylle et par la suite le transfert de CO_2 des espaces intracellulaires vers les chloroplastes (Evans et Loreto, 2000).

Bien que la densité des stomates n'ait pas été modifiée par la diminution de la quantité de photons bleus dans la lumière d'éclairement, la conductance stomatique a été stimulée. Ces résultats sont en accord avec ceux de Barriot et *al.* (2010) qui montrent que la diminution de la lumière bleue provoque d'abord une baisse considérable et instantanée de la conductance stomatique chez *Festuca arundinacea*, suivie ensuite de son augmentation progressive 20 min après le début du traitement lumineux. Cette réaction s'accompagne aussi d'une augmentation de l'ouverture des stomates résultant, comme chez le rosier, en une augmentation de l'assimilation chlorophyllienne.

La plus forte croissance des axes de rosiers sous moindre intensité de lumière bleue pourrait aussi être due à un impact sur l'extensibilité des parois cellulaires et donc sur l'élongation des cellules des tiges. En effet, notre étude à l'échelle cellulaire, par la technique des empreintes, nous a permis de montrer que les cellules épidermiques des plantes soumises à une intensité de bleu réduite s'allongeaient significativement plus que les cellules sous condition témoin. Ces résultats sont en accord avec ceux de Cosgrove (1980) qui montre que la lumière bleue induit un effet dépressif sur l'élongation des cellules de l'hypocotyle chez le concombre. Cette diminution de l'élongation cellulaire est due à une diminution de l'extensibilité de la paroi cellulaire provoquée par l'action des photorécepteurs de la lumière bleue (Cosgrove, 1980). L'élongation des tiges exige des changements accrus de l'extensibilité de la paroi cellulaire (Cosgrove, 2005). Ces changements sont rendus possibles surtout grâce à l'activité des expansines, endotransglycosylase xyloglucane/hydrolases (XTH), xyloglucan endotransglycosylases (XET) et β-glucosidases (Yokoyama et Nishitani, 2004). Plusieurs études ont mis en évidence l'existence d'une forte corrélation entre l'élongation des tiges et l'activité transcriptionnelle des gènes codant ces protéines (Cosgrove, 2000, Fry et *al.*, 1992; Rose et *al.*, 2002). Cependant, les études portant sur la régulation de l'élongation cellulaire via le contrôle de l'activité de ces protéines ou de leurs gènes en réponse à des signaux lumineux sont rares. Notre étude moléculaire a mis en évidence que l'augmentation de l'extensibilité des parois cellulaires en l'absence de raies bleues est corrélée à l'activité transcriptionnelle du gène codant la β-glucosidase. En effet, une très forte (25 fois plus qu'en lumière blanche) accumulation de transcrits de ce gène est observée en absence des raies bleues. Ceci suggère un fort photo-contrôle exercé sur la transcription de ce gène et une action plus particulière des mécanismes de signalisation de la lumière bleue sur l'activation du promoteur de ce gène. S'agit-il d'une plus forte stimulation ou d'une moindre répression de la transcription en l'absence de lumière bleue ? Une étude des boites de régulation par la lumière au sein de ce promoteur sera nécessaire pour conclure.

Notre étude moléculaire montre aussi que le contrôle de la croissance des axes de rosiers par la lumière bleue est corrélé à l'activité transcriptionnelle des gènes codant pour la sorbitol déshydrogénase (SDH) qui est stimulée (x3) par l'absence de raies bleues Nos travaux précédents sur le photo-contrôle du débourrement avaient déjà montré un fort photo-contrôle de l'activité de ce gène dans les bourgeons (Girault et al., 2010), avec en particulier, une forte stimulation (x9) de sa transcription par l'obscurité et une capacité de la lumière bleue monochromatique à induire seule sa transcription. Il apparait donc bien que l'activité transcriptionnelle du gène codant la SDH est régulée par la lumière bleue et plus particulièrement de manière négative puisque la diminution de l'intensité de lumière bleue voir sa suppression totale provoque une accumulation plus importante de transcripts. Chez les rosacées, le sorbitol représente le produit majeur de la photosynthèse (Beileski, 1982) et la sorbitol-déshydrogenase, qui est accumulée dans les organes puits, est la principale enzyme oxydant le sorbitol fournissant le carbone nécessaire à la croissance (Lo Bianco et al., 1999). Il semble donc que la plus forte élongation des axes en l'absence de lumière bleue puisse être corrélée à la plus forte activité transcriptionnelle du gène codant la SDH se traduisant par une plus forte dégradation du sorbitol en sucres simples (fructose) permettant une croissance cellulaire accrue.

En l'absence de raies bleues, l'accumulation de transcripts du gène codant l'Invertase acide vacuolaire (AIV) est moindre qu'en culture sous lumière blanche. . Une situation comparable a été observée dans le cas des bourgeons exposés à l'obscurité (Girault et al., 2010), à savoir une diminution de l'activité transcriptionnelle du gène codant l'AIV et une stimulation de celle du gène codant la SDH, situation observée pour les entre-nœuds de tiges de rosiers soumis à une absence de lumière bleue. Il semblerait donc que le métabolisme glucidique du rosier soit fortement sensible aux conditions de lumière et s'adapte en fonction de celles-ci en favorisant soit la voie de dégradation du saccharose via l'AIV, soit celle du sorbitol via la SDH.

L'élongation des métamères en absence du spectre lumineux bleu ne semble pas être régulée par l'activité des expansines (RhEXPA1, RhEXPA2, RhEXPA3), des endotransglycosylase xyloglucane/hydrolases (RhXTH1, RhXTH2, RhXTH3, RhXTH4), de la xyloglucan endotransglycosylase (Rc XET) et de l'aquaporine (RhPIP2.1). En effet, aucune différence significative de l'activité transcriptionnelle de ces gènes n'a été enregistrée entre les plantes cultivées sous un spectre lumineux complet et un spectre lumineux dépourvu des raies bleues. Ceci laisse suggérer que l'activité des gènes codant ces protéines n'est pas régulée par la lumière bleue. Ces résultats peuvent peut-être aussi être expliqués par le fait que les expansines, les endotransglycosylases xyloglucanes/hydrolases, les xyloglucans endotransglycosylases et les aquaporines forment des familles multi-géniques, dont les membres peuvent avoir des activités redondantes ou spécifiques. Il est ainsi possible que d'autres isoformes que celles que nous avons testées soient régulées par la lumière bleue. Leur séquençage permettra de tester cette hypothèse. Toutefois, d'autres travaux ont aussi montré une absence de corrélation positive entre l'activité de ces gènes et le taux d'élongation cellulaire. Par exemple, chez la tomate, Caderas et *al.* (2000) ont mis en évidence qu'il n'y a aucune corrélation entre le taux d'expression de l'expansine (EXPA1) et le taux de croissance des tiges. De même chez *Arabidopsis*, il a été montré qu'il n'existe pas de corrélation positive entre le taux d'expression de l'expanine et le taux d'allongement (Jiao et *al.*, 2007). Pritchard et *al.* (1993), Palmer et Davies (1996) et Sasidharan et *al.* (2008) ont mis en évidence qu'il n'y a pas de corrélation entre l'expression de l'XTH1 et la croissance chez *Arabidopsis*.

Grace à cette étude, nous avons mis en exergue l'effet de la lumière bleue sur la croissance et le développement du rosier. En effet nous avons montré que l'absence de la lumière bleue dans la lumière d'éclairement stimulait l'élongation des tiges au travers de différents processus physiologiques : stimulation de la photosynthèse, source principale d'énergie et stimulation de l'activité transcriptionnelle de certains gènes responsables de l'élongation des cellules.

Nos conditions de culture avec un éclairement appauvri en spectre bleu sont prohces de conditions naturelles d'ombrage pour lesquelles les modifications spectrales consistent non seulement à une diminution du rapport Rc/Rs mais aussi à une diminution considérable de l'intensité de lumière bleue (Franklin et Whitelam, 2005; Vandenbussche et *al.*, 2005; Franklin, 2008). Lors de la compétition pour la lumière entre plantes en culture dense, les plantes développent une réponse à l'évitement de l'ombre portée par ses concurrentes, en produisant des tiges et des pétioles plus longs permettant d'amener les organes photosynthétiques au-dessus de la canopée (Ballaré 2009). Dans cette réponse, le premier signal qui a été identifié et considéré longtemps comme le signal prédominant est la réduction du rapport Rc/Rs dans la lumière, due à l'absorption du Rc par les plantes avoisinantes, et perçue par les phytochromes B (Smith, 2000). Plus récemment, le rôle-signal de l'intensité de la lumière bleue (B) ainsi que de la concentration en éthylène dans cette réponse a été démontré chez le tabac (Pierik et al ; 2004). La transduction des signaux lumineux (Rc/Rs, B) conduit chez la stellaire à l'augmentation de l'extensibilité des parois cellulaires via le contrôle de la transcription de gènes d'expansines (Sasidharan et al., 2008). Chez *Arabidopsis*, l'élongation accrue des hypocotyles de plantules en conditions d'évitement de l'ombre est causée par la perception de la réduction de l'intensité de la lumière bleue. Celle-ci provoque la surexpression de deux groupes de gènes codant des XTHs, via la stimulation simultanée de la voie de signalisation des auxines contrôlant l'un des groupes, et de celle des brassinostéroïdes contrôlant l'autre groupe (Keuskamp et al., 2011).

La réaction de nos rosiers à la diminution de bleue peut être considérée, à la fois, comme une réaction d'évitement et de tolérance aux conditions d'ombrage. En effet, la diminution de l'intensité de la lumière bleue stimule (i) la synthèse de chlorophylles et la photosynthèse : il s'agit d'une réponse de tolérance (Evan et al., 2001), et (ii) la croissance et l'allongement des axes pour maximiser la capture de l'énergie par les feuilles (Ballaré, 1999): il s'agit d'une réponse d'évitement. Chez les dicotylédones, l'allongement des tiges sous ces conditions d'ombrage est souvent accompagné de réductions de la surface foliaire, de la ramification et de la production de biomasse (Ballaré, 1999; Morelli et Ruberti, 2000). Ces réponses n'ont pas été observées chez le rosier ce qui valide l'hypothèse de la forte adaptation des rosiers à leur environnement lumineux que nous avons formulée précédemment concernant la réaction à la lumière monochromatique (Abidi et al., 2012).

CHAPITRE III : Etude des photorécepteurs impliqués dans la photo-modulation de l'élongation des entre-nœuds en l'absence de raies bleues

1. Introduction

Les plantes utilisent la lumière non seulement comme une source d'énergie pour la photosynthèse, mais aussi comme un signal pour moduler leur croissance et leur développement. En effet, la croissance des plantes est fortement affectée par la composition spectrale de la lumière à laquelle elles sont exposées. Ainsi, l'élongation des tiges est-elle fortement influencée par le rapport Rouge clair/ Rouge sombre (Rc/Rs) et l'intensité de la lumière bleue (B) dans la lumière incidente (Mortensen et Stromme, 1987; Kigel et Cosgrove, 1991, Smith, 2000 ; Pierik *et al* ; 2004 ; Keuskamp *et al.*, 2011). En effet sous une culture dense, la lumière transmise à travers le couvert végétal est riche en lumière rouge sombre (Rs) alors qu'elle est pauvre en lumière rouge clair (Rc) et en lumière bleue (B). L'allongement des tiges qui est observé dans ce syndrome d'évitement de l'ombre et qui vise à maximiser la capture d'énergie en apportant les feuilles au plus près de la lumière, constitue l'une des principales réponses à ces conditions d'éclairement (Ballaré, 2009).

Plusieurs études portant soit sur le phénomène de dé-étiolement de l'hypocotyle lors de la transition obscurité-lumière au moment de la levée, soit sur le phénomène d'évitement de l'ombre ont mis évidence que la photo-modulation de l'élongation des axes est contrôlée à la fois par les phytochromes et les photorécepteurs de la lumière bleue (Thomas et Dickinson, 1979 ; Kigel et Cosgrove, 1991; Tepperman *et al.*, 2001; 2004 ; Weller *et al.* 2001 ; Platten *et al.*, 2005 ; de Lucas *et al.*, 2008 ; Jang *et al.*, 2010).

Dans nos expériences sur le rosier, nous avons constaté que l'absence de spectre bleu dans la lumière incidente induisait une stimulation de l'élongation des axes primaires. Ce phénomène peut-il s'apparenter à la réponse à la diminution de lumière bleue observée dans le syndrome de l'évitement de l'ombre ? Peut-on aller plus loin dans la compréhension de ce phénomène en étudiant notamment quels photorécepteurs et gènes participent à cette réponse ?

Répondre à ces questions chez le rosier est à l'heure actuelle difficile du fait de l'absence de mutants de photorécepteurs chez ce genre, d'un manque d'information sur les séquences géniques des photorécepteurs et de la difficulté à manipuler génétiquement le rosier. Aussi, nous avons mené cette étude chez le pois (*Pisum sativum*, Fabacées, cultivar 'Torsdag'). En effet, nos travaux précédents ont démontré chez cette espèce, une même exigence de lumière pour le débourrement des bourgeons que chez le rosier (Girault et *al.*, 2008). De plus, des mutants de photorécepteurs de pois, dont nous avons pu obtenir des graines, ont été parfaitement décrits dans la littérature (Weller *et al.*, 1997). Enfin, une sensibilité du développement des axes caulinaires à la lumière bleue a été rapportée chez cette espèce. Plus précisément, une inhibition d'élongation du troisième entre-nœud de l'épicotyle a été observée après un pulse de 30 secondes de lumière bleue chez le cultivar de pois *Pisum sativum* 'Alaska' (Laskowski et Briggs, 1988). De plus, par l'étude des mutants de photorécepteurs du cultivar 'Tordag' de pois, Platten et *al.* (2005) ont pu préciser le rôle des photorécepteurs dans la réponse des hypocotyles et des tiges de plantes adultes à la lumière bleue monochromatique. Il s'avère ainsi que chez le pois, les trois photorécepteurs PHYA, PHYB et CRY1 participent à la perception de la lumière bleue entraînant la répression de l'élongation de l'hypocotyle. Ils agissent tous trois sous forte irradiance de bleue (4 à 20 µE) alors que PHYA est aussi capable de percevoir et d'entraîner une photo-réaction sous faible (0.2 à 2 µE) irradiance de bleue (Platten *et al.*, 2005). Sur plante adulte, CRY1 et PHYA jouent des rôles antagonistes dans lesquels PHYA promeut l'élongation des entre-noeuds alors que CRY1 la réprime. Toutefois, l'action de CRY1 n'est observé que chez le double mutant PHYACRY1 et pas chez le simple mutant *CRY1* (Weller *et al* ;, 2001 ; Platten *et al.*, 2005).

Pour établir un parallèle entre la réponse du rosier et du pois à l'absence de raies bleues dans la lumière blanche incidente, une étude préalable a été menée pour étudier la réaction des entre-nœuds de pois à ces conditions d'éclairement. Dans un deuxième temps, l'allongement des entre-nœuds de pois a été mesuré et comparé chez les mutants *phyA, phyB* et *cry1* de pois, sous spectre lumineux complet et sous spectre dépourvu de raies bleues, afin d'identifier les photorécepteurs impliqués dans cette réponse. Enfin, l'expression relative de deux gènes participant à l'expansion cellulaire : PsEXGT1 et PsAIV a été mesurée afin d'analyser l'impact des raies bleues sur leur expression ainsi que le rôle potentiel des photorécepteurs PHYA, PHYB et CRY1 dans leur photo-régulation.

2. Matériel et Méthodes

2.1 Matériel végétal et modalités de culture

Tous les mutants de pois utilisés dérivent du génotype sauvage *Pisum sativum L.* cv Torsdag. Les mutants *phyA, phyB et cry1* ont été décrits par Weller *et al.* (1997; 2001) et Platten *et al.* (2005) et obtenus auprès de ces auteurs. Les graines ont été semées dans des pots de 500 ml contenant un substrat drainant (tourbe, perlite, fibre de coco (50/40/10, v/v/v)) et transférées dans des enceintes (modèle KBW720 avec régulation de l'intensité lumineuse, Binder). Le traitement lumineux a été appliqué depuis le semis jusqu'au stade de floraison de l'axe primaire.

2.2 Traitements lumineux

Pour chaque génotype, 20 plantes ont été soumises à une lumière blanche contenant de la lumière bleue (17.4 $\mu mol.m^{-2}.s^{-1}$ de flux de photons bleus), produite par des tubes fluorescents Osram Fluora L 18W/77 alors que 20 autres plantes ont été soumises à une lumière dépourvue de raies bleues obtenue en plaçant des filtres Roscolux orange sur les mêmes tubes fluorescents Osram Fluora L 18W/77. Le flux de photons photosynthétiques ainsi que l'efficience photosynthétique ont été calculés selon la formule proposée par Sager *et al.* (1988) à partir du spectre lumineux mesuré par un spectroradiomètre calibré (Avantes). Les caractéristiques des traitements lumineux sont similaires à celles utilisées dans le chapitre n°2 consacré aux rosiers.

2.3 Etude de la photo-modulation de la croissance des axes chez le pois

Les plantes ont été soumises aux traitements lumineux jusqu'à la floraison des axes primaires. A ce stade, les paramètres suivants ont été mesurés :

2.3.1. Longueur des axes et des métamères

Les axes primaires entiers de pois, ainsi que les longueurs individuelles des métamères basaux n°1 (le plus proximal) à 6 ont été mesurés à l'aide d'un digitaliseur (Microscribe G2LX) relié à un ordinateur de saisie.

2.3.2. Poids frais et sec des métamères des axes primaires

Chaque entre-nœud a été pesé au moment de la récolte pour déterminer son poids frais puis mis à sécher dans une étuve (60°C pendant 72h) avant d'être à nouveau pesé pour déterminer son poids sec. La même opération a été conduite sur les feuilles mais en regroupant l'ensemble des feuilles d'une même plante.

2.3.3. Longueur des cellules épidermiques

Cinq entre-nœuds n°4 en fin d'expansion ont été prélevés sur des plantes différentes puis fixés immédiatement dans une solution de glutaraldéhyde (mélange au 1/6 de glutaraldéhyde à 4% dans du tampon phosphate (200 mM) pH 7.2. Après fixation, les fragments tissulaires ont été stockés dans le même tampon phosphate jusqu'à l'observation.

Afin d'éliminer une grande partie de cires à la surface des tissus, un traitement à l'éthanol 80% pendant 2 à 3 heures avant l'observation a été nécessaire. Les entre-nœuds, trop longs pour une observation directe, ont été coupés en trois parties et les parties observées à l'aide d'un microscope électronique à balayage environnemental (Carl Zeiss Evo LS10). Les mesures ont été effectuées avec une tension d'accélération de 20KeV à une pression de 670Pa en maintenant 98% d'humidité dans la chambre. Les images entières des cellules ont été reconstruites à l'aide du logiciel GIMP2 (version 2.8.0) et les mesures de longueur ont été effectuées par le logiciel Image J (version 1.43).

2.4 Analyse de l'expression de gènes au sein de métamères de pois

Des plantes sauvages et des mutants *phyA*, *phyB* et *cry1* ont été cultivés sous lumière blanche contenant de la lumière bleue (17.4 $\mu mol.m^{-2}.s^{-1}$ de flux de photons bleus), produite par des tubes fluorescents Osram Fluora L 18W/77 ainsi que sous une lumière dépourvue de raies bleues obtenue en plaçant des filtres Roscolux orange sur les mêmes tubes fluorescents Osram Fluora L 18W/77. Les métamères n°4 ont été prélevés en cours d'expansion, alors qu'ils atteignaient la moitié de la longueur finale attendue et déterminée dans la partie précédente. Les méthodes de biologie moléculaire employées sur le pois concernant l'extraction d'ARN, leur transcription réverse et l' analyse par RT-PCR quantitative en temps réel sont les mêmes que celles utilisées pour le rosier et décrites dans la partie Matériels et méthodes du chapitre 2 de la thèse.

Des séquences géniques de pois ont été recherchées dans les banques publiques de pois et celles potentiellement impliquées dans l'expansion cellulaire, ont été retenues : invertase acide vacuolaire PsAIVI (AY112702.1), xyloglucan endotransglycosylase PsEXT (AB042531.1), endoxyloglucan transferase EXGT1 (AB015428.1), endo-1,4-beta-glucanase EGL1(L41046.1). Plusieurs couples d'amorces ont été dessinés à partir de ces séquences en privilégiant les zones discriminantes entre isoformes pour les gènes appartenant à des familles multigéniques. L'étude d'efficacité des amorces n'a permis de retenir qu'un couple pour le gène codant l'invertase acide vacuolaire: Uq1PsAIVI-1 CGCGGTGCCTTAGGACCTTT ; Lq2PsAIVI-1 TGAGTTTTCCATTGCTTCCCTTT ; et le gène codant l'endoxyloglucan transferase EXGT1 :Uq1PsEXGT1 AGACAATTCCATATCTCATTGTATCGTA ; Lq2PsEXGT1 TCAAAATGGAACAATAGTGGCAATAA.

Tableau XV : Caractéristiques morphologiques des axes primaires du pois sauvage (*Pisum sativum L.* cv Torsdag) cultivé sous spectre lumineux complet (17.4 µmol.m^{-2}.s^{-1} de flux de photons bleus) et sous spectre lumineux dépourvu de raies bleues. Chaque valeur représente la moyenne de 20 plantes (± écart-type). Significativité des différences entre traitements lumineux: ***P≤0.001, **P≤ 0.01, * P≤0.05, selon test de Student.

	(Pisum *sativum* L. cv Torsdag)	
Traitement lumineux	Spectre lumineux complet	Spectre lumineux dépourvu des raies bleues
- Nombre de métamères	15.0 (±1.5)	15.5 (±3.1)
-Longueur des entre- nœuds (mm)	47.6 (±4.3)	54.2 (±4.4) ***
- Longueur des axes (mm)	707 (±53)	864 (75) ***
-Pois sec des axes (mg)	104.9 (±12.3)	126. 9 (±15.3)*
-Pois sec des feuilles (mg)	173.1 (±10.5)	174.9 (±6.5)

L'étude de l'expression relative de ces gènes rapportée à celle du gène codant le facteur d'élongation PsEF1-α (X96555.1, amorces Uq1PsEF1α TGGTGTTGTGAAGCCCGGTA et Lq2PsEF1α CTCGGTGAGAGCCTCGTGGT) a été effectuée par PCR quantitative en temps réel dans les mêmes conditions que celles décrites pour le rosier et pour 3 lots biologiques contenant chacun 10 entre-nœuds n°4 en expansion et issus de 10 plantes distinctes.

2.5 Analyse statistique

Le nombre de plantes utilisées dans chaque expérimentation est indiqué dans la légende des figures. Les analyses statistiques entre les traitements ont été effectuées avec le test t de Student, après avoir vérifié la normalité de la distribution de la variable.

3. Résultats et discussion

3.1 Etude de l'effet de l'absence de raies bleues dans la lumière blanche sur la croissance du pois sauvage (*Pisum sativum L.* cv Torsdag)

Comme nous l'avons constaté chez le rosier, l'absence de raies bleues dans la lumière d'éclairement stimule nettement (14%) l'élongation des axes primaires chez le phénotype sauvage de pois (Tab. XV). Cette stimulation est la conséquence d'une plus grande croissance des métamères et non pas d'une augmentation de leur nombre (Tab. XV). Comme chez le rosier, l'absence des raies bleues accroît aussi l'accumulation de biomasse dans les axes de pois sauvage mais n'a pas d'effet sur celle des feuilles (Tab. XV).

Tableau XVI: Longueur des cellules de l'entre-nœud 4 du cultivar sauvage 'Torsdag' de pois prélevés au stade de fin d'élongation de l'axe et après culture sous spectre lumineux complet (17.4 µmol.m^{-2}.s^{-1} de flux de photons bleus) et sous spectre lumineux dépourvu des raies bleues. Significativité des différences entre traitements lumineux: ***P≤0.001, **P≤ 0.01, * P≤0.05, selon le test t de Student.

Traitement lumineux	Zone de l'entre-nœud 4	Nombre de cellules mesurées	Taille moyenne des cellules
Spectre lumineux complet	Tiers apical	117	651 (± 178)
	Tiers médian	110	643 (± 201)
	Tiers basal	114	465 (± 208)
	Toutes zones	341	586 (± 213)
Spectre lumineux dépourvu de raies bleues	Tiers apical	87	704 (± 255)
	Tiers médian	105	649 (± 230)
	Tiers basal	107	571 (± 218) ***
	Toutes zones	299	637 (± 249) **

Figure 30 : Cellules épidermiques de l'entre-noeud n° 4 de pois sauvage (*Pisum sativum L.* cv Torsdag), observées au MEB environnemental

Enfin, l'observation, par microscopie électronique à balayage environnemental, des cellules épidermiques des entre-nœuds sous ces deux conditions de lumière révèle que, comme chez le rosier, l'absence de lumière bleue permet une expansion plus forte de ces cellules (Tab. XVI, Fig.30). L'augmentation mesurée est de 13% et du même ordre de grandeur que celle mesurée chez le rosier (12% dans la partie médiane et 20% dans la partie basale de la tige).

On note que ce sont les cellules de la partie basale de l'entre-nœud 4 qui répondent essentiellement à l'absence des raies bleues, puisque c'est dans cette zone de l'entre-nœud que les cellules sont significativement plus longues en comparaison du traitement en lumière blanche (Tab. XVI).

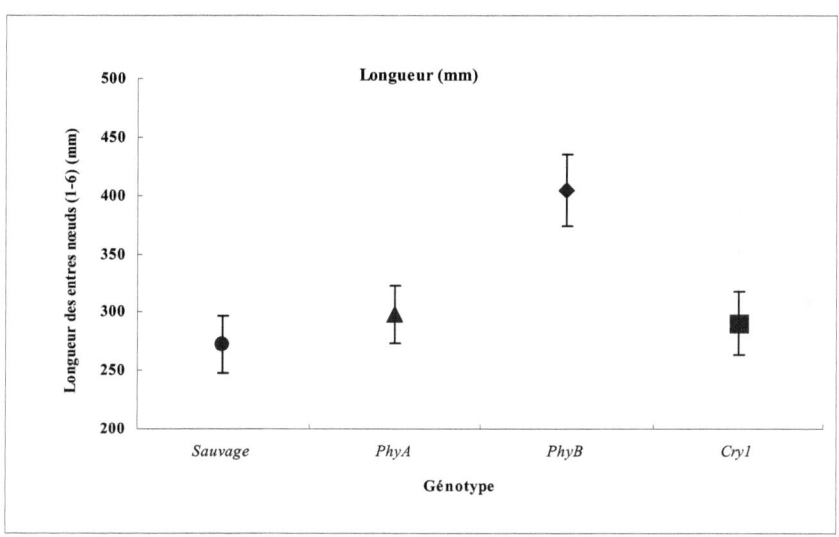

Figure 31: Longueur moyenne des entre-nœuds (1-6) des axes primaires du pois (sauvage, *phyA*, *phyB*, et *cry1*) cultivé sous spectre lumineux complet comprenant 17.4 µmol.m^{-2}.s^{-1} de flux de photons bleus. Chaque valeur représente la moyenne de 20 plantes. *phyB* présente des entre-nœuds significativement plus grands que les autres génotypes au seuil P≤ 0.01 (**), selon test de Student.

Ainsi, nos expériences confirment que le pois comme le rosier présente une sensibilité à la lumière bleue et que, comme chez le rosier, cette sensibilité s'exprime au travers d'une plus forte élongation des cellules des entre-nœuds en l'absence de lumière bleue. L'étude de l'implication des différents photorécepteurs dans cette réponse à l'absence de lumière bleue apparait donc pertinente à mener chez le pois.

3.2 Identification des photorécepteurs impliqués dans la photo-modulation de la croissance des entre-nœuds de pois par l'absence de raies bleues dans la lumière blanche

Pour identifier les photorécepteurs impliqués dans cette réponse, nous avons étudié la croissance des axes de trois mutants *phyA, phyB et cry1* en absence ou en présence du spectre lumineux bleu dans la lumière blanche. La figure 31 montre que sous un spectre lumineux complet, l'élongation des axes chez les mutants *cry1* et *phyA* est similaire à celle des axes du génotype sauvage. Ce résultat suggère que les photorécepteurs CRY1 et PHYA dans ces conditions d'éclairement ne participent pas ou peu au contrôle de l'élongation des tiges. Au contraire, le mutant *phyB* présente des axes significativement plus allongés que les axes des trois autres génotypes (Fig.31). PHYB semble donc contribuer à l'inhibition de l'élongation des axes sous lumière blanche. Ce résultat va dans le sens des travaux de Weller *et al.* (2001) montrant l'importance de ce photorécepteur dans la perception et l'inhibition des entre-noeuds par la lumière rouge contenue dans le spectre blanc, ainsi qu'une part d'activité de PHYB dans la perception de la lumière bleue et l'inhibition d'élongation résultante (Weller *et al.* 2001).

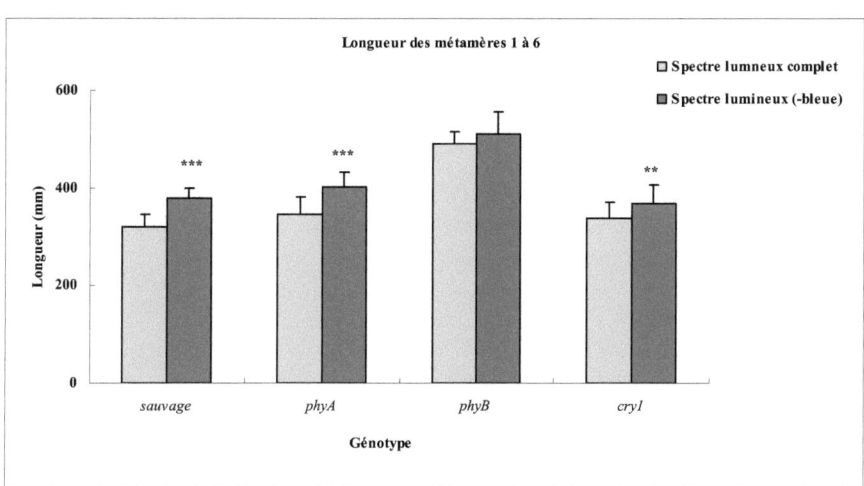

Figure32: Longueur moyenne des entre-nœuds (1-6) des axes primaires du pois (sauvage, *phyA*, *phyB*, et *cry1*) cultivé sous spectre lumineux complet (17.4 µmol.m^{-2}.s^{-1} de flux de photons bleus) et sous spectre lumineux dépourvu des raies bleues (-bleu). Chaque valeur représente la moyenne de 20 plantes. Significativité des différences entre traitements lumineux: ***P≤0.001, * P≤0.05, selon test de Student.

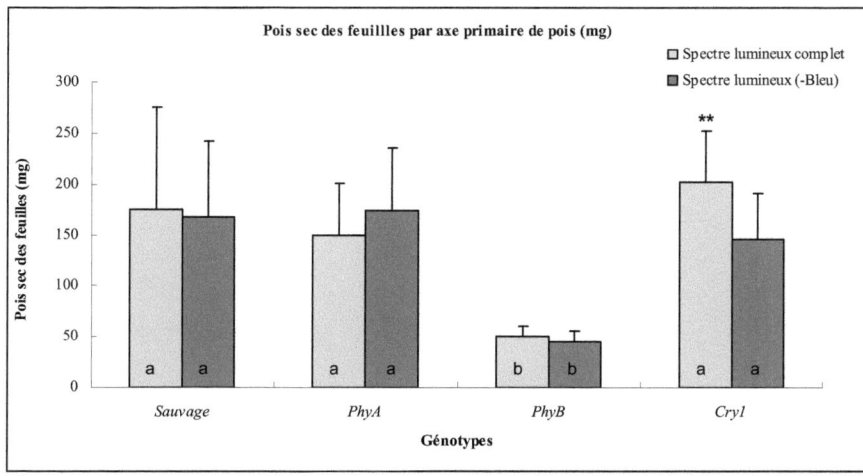

Figure 33: Pois sec de feuilles des axes primaires du pois (sauvage, *phyA*, *phyB*, et *cry1*) cultivé sous spectre lumineux complet (17.4 µmol.m^{-2}.s^{-1} de flux de photons bleus) et sous spectre lumineux dépourvu des raies bleues. Chaque valeur représente la moyenne de 20 plantes. Significativité des différences entre traitements lumineux: ***P≤0.001, selon test de student. Des lettres différences (a,b) indiquent des différences significatives entre génotypes pour un même flux de photons bleus (P≤0.05, test de Student)

Pour étudier la contribution relative des photorécepteurs dans le contrôle de la photo-modulation de l'élongation des axes en absence de lumière bleue, les différents mutants ont été cultivés sous spectre lumineux complet (17.4 $\mu mol.m^{-2}.s^{-1}$ de flux de photons bleus) et sous spectre lumineux dépourvu de raies bleues, comme précédemment décrit chez le rosier. Comme chez le génotype sauvage, on enregistre chez les mutants *phyA* et chez les mutants *cry1* des réductions hautement significatives de la longueur des axes des plantes cultivées en présence de lumière bleue par rapport aux plantes cultivées en l'absence du spectre bleu (Fig. 32). Ceci indique que chez ces mutants, des photorécepteurs différents de CRY1 ou de PHYA sont actifs et inhibent l'élongation des axes après perception de la lumière bleue. Au contraire, chez le mutant *phyB*, aucune différence significative entre les longueurs des axes en l'absence ou en présence de lumière bleue n'est observée (Fig. 32). Ceci démontre que PHYB est le photorécepteur majoritairement responsable de l'inhibition de l'allongement des axes par les raies bleues. Ce résultat rejoint les observations de Weller *et al.* (1997) sur le rôle de PHYB dans la réaction de dé-étiolement de l'hypocotyle de pois sous lumière bleue, et met en avant le rôle prépondérant de PHYB dans la réponse à la lumière bleue chez la plante adulte.

Nos résultats montrent par ailleurs que chez le génotype sauvage, les poids secs des feuilles ne sont pas modifiés par la présence ou l'absence de lumière bleue (Fig.33). Ce résultat est similaire à celui observé chez le rosier. Ceci suggère que la croissance des feuilles de pois est essentiellement stimulée par le spectre rouge. Lorsque l'on compare les poids secs des feuilles des plantes sauvages et des mutants sous lumière blanche, on constate que seul le mutant *phyB* présente une réduction significative du poids sec des feuilles par rapport au sauvage (Fig. 33). Ce résultat suggère que la croissance des feuilles est stimulée par la lumière rouge au travers de sa perception par le phytochrome B. La réduction de poids sec en présence de lumière bleue chez les mutant *phyA* (non significative toutefois) et *cry1* (significative) par rapport au poids sec de feuilles produites par les mêmes mutants sous spectre dépourvu de raies bleues pourrait suggérer un léger effet répresseur de la lumière bleue sur le développement des feuilles via l'action de PHYA et CRY1.

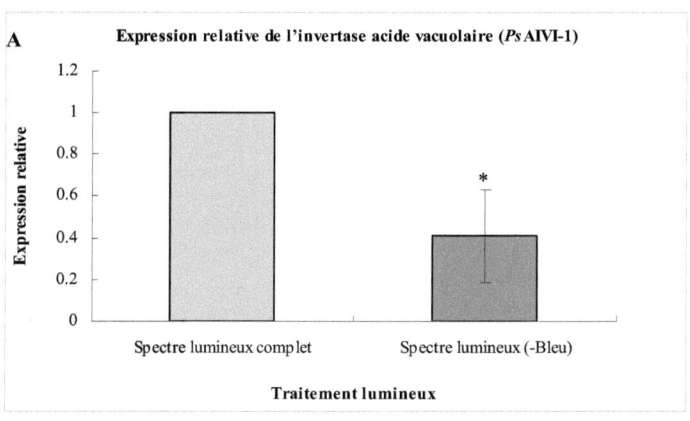

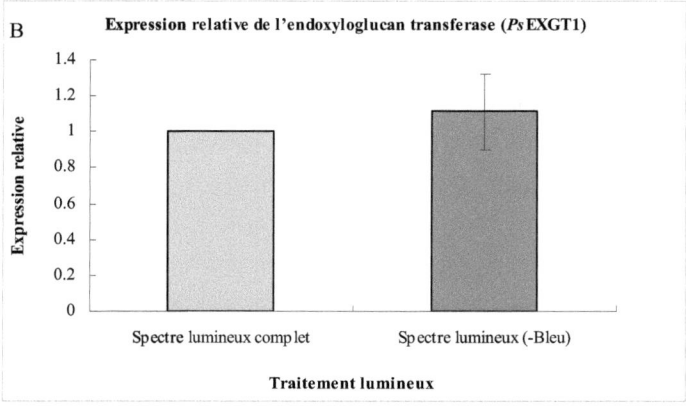

Figure 34: Activité transcriptionnelle du gène codant pour l'invertase acide vacuolaire (A) et du gène codant pour l'endoxyloglucan transferase (B) au niveau du métamère n°4 de pois sauvage (*Pisum sativum L.* cv Torsdag) cultivé sous spectre lumineux complet (17.4 µmol.m^{-2}.s^{-1} de flux de photons bleus) et sous spectre lumineux dépourvu de raies bleues. Significativité des différences entre traitements lumineux : *P≤ 0.05 (test de Student).

3.3 Photo-régulation par la lumière bleue de gènes impliqués dans la régulation de l'expansion cellulaire des entre-nœuds de pois

L'obtention d'amorces efficaces pour le gène codant l'invertase acide vacuolaire *Ps*AIVI-1 et l'endoxyloglucan transferase *Ps*EXGT1 de pois nous a permis d'étudier leurs expressions relatives en présence et en absence des raies bleues dans la lumière incidente. La figure 34 montre que l'absence de raies bleues produit une diminution forte de l'accumulation des transcripts de l'invertase acide vacuolaire, comme nous l'avions observé pour le rosier. De manière intéressante, on constate que cette diminution est de même ordre chez les deux espèces et d'environ de la moitié des transcripts accumulés sous spectre complet. Il semble donc que pour ces deux espèces, l'activité transcriptionnelle de l'invertase acide vacuolaire dans les entre-nœuds soit régulée et stimulée de manière identique par la lumière bleue. L'absence de séquence codante pour le gène codant la sorbitol déshydrogénase de pois dans les banques publiques ne nous a pas permis de vérifier si, comme chez le rosier, la diminution de l'activité transcriptionnelle de l'invertase acide vacuolaire était compensée par une stimulation de la transcription de ce gène. La même analyse effectuée pour le gène codant l'endoxyloglucan transferase *Ps*EXGT1 montre que l'absence de raies bleues n'a aucun effet sur l'accumulation de ses transcripts (Fig. 34). Il semble donc que ce gène ne soit pas photo-régulé par la lumière bleue. La non-disponibilité d'autres séquences géniques de gènes codant pour des protéines impliquées dans le remaniement des parois chez le pois et la difficulté à générer des amorces efficaces, ne nous a pas permis de mesurer l'activité d'autres gènes. Ce résultat limité à un gène chez le pois rejoint toutefois ce que nous avons observé précédemment chez le rosier, à savoir l'absence de photo-contrôle par la lumière bleue sur l'activité transcriptionnelle de plusieurs gènes impliqués dans l'expansion pariétale (*Rh*EXPA1,2,3 et *Rh*XTH1,2,3,4). Si bien d'autres gènes de paroi restent encore à tester, il est possible que la réponse que nous observons de répression de l'élongation des entre-nœuds par la lumière bleue passe par d'autres processus de régulation. La régulation du métabolisme et de la sensibilité aux gibbérellines intervient ainsi probablement. En effet, il a été montré chez le pois, que le dé-étiolement de l'hypocotyle par la lumière bleue impliquait la répression de gènes de synthèse et l'activation de gènes de dégradation de ces hormones (Foo *et al.*, 2006). Une étude de ces gènes dans nos conditions de culture et sur la tige permettrait de vérifier cette hypothèse.

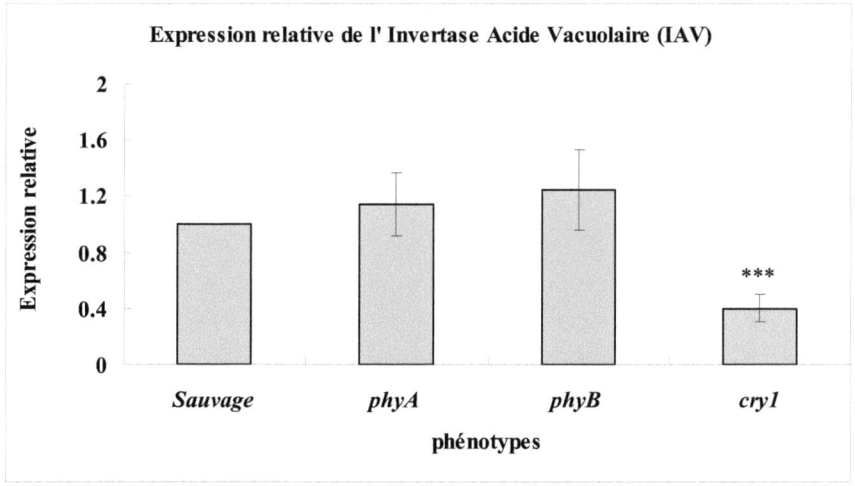

Figure35: Activité transcriptionnelle du gène codant pour l'Invertase Acide Vacuolaire (IAV) au niveau des métamères n°4 du pois (sauvage, *phyA*, *phyB*, et *cry1*) cultivés sous spectre lumineux complet. *cry1* présente l'activité transcriptionnelle significativement la plus faible parmi les génotypes au seuil P≤ 0.001 (***), selon test de Student.

Pour aller plus loin dans la compréhension de la régulation de la transcription du gène codant l'invertase acide vacuolaire, nous avons mesuré son activité relative au sein d'entre-nœuds des mutants de photorécepteurs à notre disposition et cultivés sous lumière blanche. Les résultats présentés dans la figure 35 montrent que l'accumulation de transcripts dans le mutant *cry1* est significativement réduite par rapport au sauvage. Il n'y a par contre pas d'effet des mutations *phyA* et *phyB* sur l'activité transcriptionnelle de ce même gène. Ce résultat suggère que la photo-régulation de l'activité de l'invertase acide vacuolaire passe par la voie de signalisation du cryptochrome 1, et non pas par celle des phytochromes A et B.

4. Conclusion

Nos études menées chez le pois et le rosier, nous permettent de proposer un modèle de travail quant à l'action de la lumière bleue sur l'élongation des entre-noeuds (Figure 36). Certains points de ce modèle n'ont été étudiés que sur une des espèces uniquement et devront être validés sur l'autre espèce. Toutefois, ce modèle permet d'ores et déjà, de dégager des pistes intéressantes de compréhension de la réponse à la lumière bleue.

Nos travaux suggèrent ainsi que la répression de l'élongation des entre-noeuds par la lumière bleue, passe par une réduction de l'élongation cellulaire, comme nous l'avons montrée pour les cellules épidermiques. La signalisation de la lumière bleue emprunterait à la fois les voies de signalisation du phytochrome B et celles du cryptochrome 1. La perception de la lumière bleue par le phytochrome B déclencherait une cascade de signalisation aboutissant à une répression de l'élongation cellulaire. Ces cascades de signalisation réprimeraient la transcription de certains gènes majeurs de l'expansion de la paroi cellulaire tels *Rh* β-Glucosidase alors qu'elles n'auraient pas d'action sur la transcription d'autres gènes (*Ps* EXGT1, *Rh*EXPA1,2,3,4 et *Rh*XTH1,2,3,4). Parallèlement, et selon les données bibliographiques, la perception de la lumière bleue par le cryptochrome 1 contribuerait à la répression de l'élongation cellulaire via la régulation du métabolisme et de la sensibilité aux gibbéréllines (Foo *et al.* 2006). De plus, la perception de la lumière bleue par le cryptochrome 1 permettrait de moduler le métabolisme glucidique, au travers de la régulation transcriptionnelle de deux gènes codant les enzymes de dégradation des sucres, l'invertase acide vacuolaire et la sorbitol déshydrogénase.

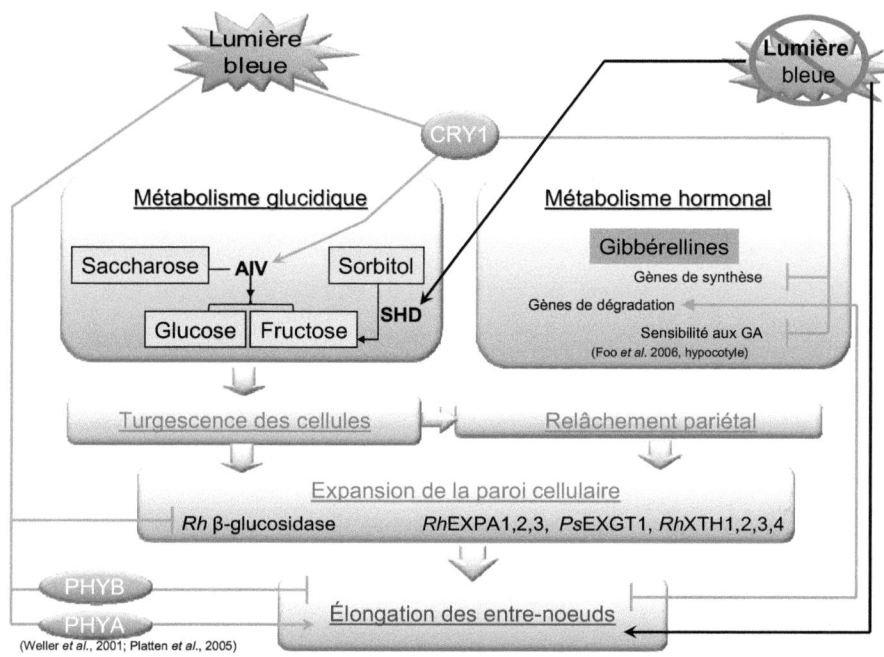

Figure 36 : Modèle d'action de la lumière bleue sur l'élongation des entre-noeuds basé sur les résultats acquis dans cette thèse sur rosier et sur pois ainsi que sur la bibliographie.

En présence de lumière bleue, CRY1 stimulerait préférentiellement l'action de l'invertase vacuolaire pour la dégradation du saccharose. En l'absence des raies bleues, le métabolisme du sorbitol prendrait le relais et la transcription de la sorbitol déshydrogénase serait très fortement accrue. Chez le plantain (*Plantago major* L.), un tel basculement entre le métabolisme du saccharose et le métabolisme du sorbitol a été observé en condition de stress salin (Pommerrenig *et al.*, 2007). Ce basculement permettrait à la plante de maintenir sa turgescence cellulaire dans ces conditions. Nous avions préalablement montré dans les bourgeons de rosiers une pareille aptitude de cette espèce à modifier son métabolisme glucidique, en conditions d'obscurité (Girault *et al.,* 2010). Nos résultats sur l'impact de la lumière bleue suggèrent que cette aptitude s'exprime dans d'autres conditions lumineuses chez le rosier, et peut-être aussi chez le pois. Le rôle, suggéré par Pommerrenig *et al.* (2007), du métabolisme du sorbitol dans le contrôle de la turgescence cellulaire en condition de stress pourrait aussi être suggéré dans le modèle de régulation de l'expansion cellulaire des entre-nœuds par la lumière bleue. En effet, la très forte stimulation de la transcription de la sorbitol déshydrogénase en absence de raies bleues pourrait se traduire par une augmentation de la dégradation du sorbitol en sucres simples dans les cellules provoquant une forte augmentation de la pression osmotique des cellules, contribuant au relâchement pariétal nécessaire à son expansion.

Discussion générale et perspectives

1. Discussion générale

La lumière joue un rôle prépondérant dans les processus fondamentaux du développement des plantes, depuis la germination de la graine jusqu'à la floraison en passant par l'élaboration des architectures aérienne et racinaire. Pour assurer le bon déroulement de ces processus, les végétaux chlorophylliens ont développé, non seulement des mécanismes de conversion de l'énergie solaire (photosynthèse), mais également des systèmes multiples d'information sur leurs conditions d'éclairement (Smith, 1982; Aphalo et al., 1999). En effet la lumière peut moduler leur croissance soit par le biais de réponses morphogénétiques soit en agissant directement sur la photosynthèse.

En conditions naturelles, les végétaux sont soumis à des variations très importantes de la composition spectrale de leur environnement lumineux. Plusieurs facteurs peuvent être responsables de ces variations tels que la situation géographique, la saison, la période journalière et la densité des cultures. Les modifications de l'environnement lumineux des plantes concernent non seulement des modifications du spectre, mais aussi des modifications considérables de l'intensité de lumière incidente. D'une manière étonnante, la majorité des travaux portant sur l'étude des réponses des végétaux aux changements qualitatifs de leur environnement lumineux se sont surtout intéressés à l'effet de la lumière rouge sur la croissance des végétaux, et relativement peu à l'effet de la lumière bleue. Les réponses des végétaux au rapport Rc/Rs, les chaines de transduction du signal lumineux rouge ainsi que les interactions entre les voies de signalisation dans ces conditions de lumière sont, bien qu'encore incomplètes, relativement bien documentées, au regard des connaissances sur les réponses ainsi que les mécanismes induits par la lumière bleue (Nagashima et al., 2008).

Par ailleurs, les connaissances sur les processus moléculaires impliqués dans les voies de transduction de la lumière concernent essentiellement les processus de dé-étiolement de l'hypocotyle lors de la germination et ceux de la floraison. Très peu de données existent sur les processus impliqués dans le photocontrôle de l'élaboration des axes. Celles acquises concernent les conditions particulières d'évitement de l'ombre.

C'est dans ce cadre de connaissances que se sont inscrits nos travaux de thèse. Les objectifs de ces travaux ont été d'une part, d'étudier l'effet du spectre lumineux bleu sur le développement des axes aériens du rosier-buisson et d'autre part, d'identifier et d'étudier certains des mécanismes modulés par la lumière bleue qui permettent aux rosiers de s'adapter à ce changement d'environnement lumineux.

Tableau XVII: Bilan des effets de la lumière bleue observés dans ces recherches, sur le développement du rosier Rosa chinensis cv 'Old Blush'.

Conditions de culture	Absence des raies bleues	Lumière bleue monochromatique
Caractères morphologiques :		
- Longueur des axes d'ordre I (mm)	+++ (143 à 209)	Aucun effet
- Longueur des entre-nœuds (e.n., mm)	+++ (16.7 à 23.9) e.n. médians et basaux)	Aucun effet
- Masse sèche des entre-nœuds	+ (e.n. médians et basaux)	Aucun effet
- Vitesse d'élongation des entre-nœuds ($\mu m/°CJ$)	+ (148 à 198 chez e.n. médians)	Non mesuré Non mesuré
- Longueur des cellules épidermiques des e.n.	+ (20%)	Aucun effet
-Activité organogénique du méristème des axes d'ordre I (OI)	Aucun effet	Aucun effet
-% Débourrement et cartographie sur axe OI	Aucun effet	Aucun effet
-Longueur des axes d'ordre II (OII, mm)	+ (de 125 à 168)	Aucun effet
-Longueur des entre-nœuds des axes OII (mm)	+ (de 17 à 21)	Aucun effet
- Activité organogénique du méristème des OII	+ (1 métamère supplémentaire)	Aucun effet
-Développement foliaire :		
• Forme, surface et type foliaire	Aucun effet	Aucun effet (LMA identique)
• Epaisseur	Feuille plus fine (épiderme adaxial et parenchyme lacuneux - épais)	Non mesuré
• Densité de stomates	Aucun effet	Pédoncule floral + court et développement floral + lent (+ 3 jours)
- Développement floral	Aucun effet	Non mesuré
-Développement racinaire	Aucun effet	
Activité photosynthétique :		
-Assimilation chlorophylienne A ($\mu mol.m^{-2}.s^{-1}$)	+++ (de 1.40 à 2.24)	--- (de 2.87 à 1.2) Publié
-Teneur en pigments photosynthétiques ($mg.g^{-1}$)		
• Chlorophylle a	++ (de 138 à 190)	Aucun effet
• Chlorophylle b	- (de 75 à 62)	Aucun effet
• Chlorophylle a/ Chlorophylle b	+ (de 1.84 à 3)	+ (de 2.2 à 2.7)
• Caroténoïdes	+ (de 47 à 54)	Aucun effet
-Conductance stomatique ($mmolH_2O.m^{-2}.s^{-1}$)	+++ (de 76 à 25)	+++ (de 105 à 178)
-Concentration en CO_2 intercellulaire ($\mu mol\ CO_2.mol^{-1}$)	Aucun effet	+ (de 342 à 392)
Activités transcriptionnelles :		
-β-Glucosidase	+++ (x 25)	
-Sorbitol déshydrogénase	+ (x3)	Activités non mesurées
-Invertase acide vacuolaire	- (de 1 à 0.6)	
-Xyloglucan Endotransglycosylase/Hydrolases XET	- (de 1 à 0.4)	
-Sucrose Synthase	Aucun effet	
-Expansines EXPA1, 2, 3 et 4	Aucun effet	
- Xyloglucan transglycosylase/Hydrolases XTH1, 2, 3, et 4	Aucun effet	
-Aquaporine PIP2.1	Aucun effet	

Le choix du rosier a été motivé par le fait qu'il représente une plante majeure pour la filière d'ornement pour laquelle les applications de nos résultats pourraient à terme permettre de développer des techniques culturales innovantes capables de moduler leurs architectures et qualités esthétiques.

Le rosier est un buisson dont le modèle architectural est celui de Champagnat (Halle et Oldeman, 1970). Ce modèle est caractérisé par des axes d'ordre I à croissance monopodiale, portant des ramifications orthotropes et acrotones. Ces axes sont à croissance déterminée et peuvent former des fleurs (axes florifères) ou bien des axes avortés suite à l'avortement des organes floraux à un stade précoce de développement (Maas et *al.*, 1995b). Chez les rosiers fleurs coupées, la longueur finale des axes florifères est un caractère commercial majeur. Maas et Barks (1995) ont mis en évidence que la lumière bleue à un effet négatif sur l'élongation des axes du cultivar *Rosa hybrida* 'Mercedes'. La lumière bleue a-t-elle le même effet sur l'élongation des axes d'autres cultivars notamment ceux de rosiers de jardin ? Inversement, la diminution de la lumière bleue dans la lumière d'éclairement peut-elle stimuler l'élongation des axes chez le rosier comme cela a été observé chez d'autres espèces ? L'effet de la lumière bleue porte-t-il sur d'autres processus de développement chez le rosier : débourrement des bourgeons, activité organogénétique des méristèmes, morphogenèses foliaire et florale ? Par ailleurs, quels sont les processus physiologiques, cellulaires et moléculaires modulés par la lumière bleue ? Enfin, peut-on déterminer quels photorécepteurs participent à ces réponses à la lumière bleue ? C'est à toutes ces questions que nous avons essayé de répondre au cours des ces recherches.

Les résultats majeurs que nous avons obtenus au cours de ce travail sont présentés sous forme synthétique dans les tableaux XVII et XVIII pour les deux cultivars.

Tableau XVIII: Bilan des effets de la lumière bleue observés dans ces recherches, sur le développement du rosier *Rosa hybrida* cv 'Radrazz'.

Conditions de culture	Absence des raies bleues	Lumière bleue monochromatique
Caractères morphologiques :		
- Longueur des axes d'ordre I	Aucun effet	Aucun effet
- Longueur des entre-nœuds (e.n.)	Aucun effet	Aucun effet
- Masse sèche des entre-nœuds	Aucun effet	Aucun effet
- Vitesse d'élongation des entre-nœuds ($\mu m/°CJ$)	Aucun effet	Non mesuré
- Longueur des cellules épidermiques des e.n.	Aucun effet	Non mesuré
-Activité organogénique du méristème des axes d'ordre I (OI)	Aucun effet	Aucun effet
-% Débourrement et cartographie sur O1 d'ordre I	Aucun effet	Aucun effet
-Longueur des axes d'ordre II (OII)	Aucun effet	Aucun effet
-Longueur des entre-nœuds des axes OII	Aucun effet	Aucun effet
- Activité organogénique du méristème des axes OII	Aucun effet	Aucun effet
-Développement foliaire :		
• Forme, surface et type foliaire	Aucun effet	Aucun effet
• Epaisseur	Aucun effet	+ (LMA supérieure)
• Densité de stomates	Aucun effet	Non mesuré
- Développement floral	Aucun effet	Pédoncule floral plus court et développement floral plus lent (+ 3 jours)
-Développement racinaire	Aucun effet	Non mesuré
Activité photosynthétique :		
-Assimilation chlorophylienne A($\mu mol.m^{-2}.s^{-1}$)	Activité photosynthétique non mesurée	--- (de 1.71 à 1.27) Publié
-Teneur en pigments photosynthétiques($mg.g^{-1}$)		- (de 229 à 194)
• Chlorophylle a		- (de 99 à 67)
• Chlorophylle b		+ (de 2.6 à 2.9)
• Chlorophylle a/Chlorophylle b		- (de 32 à 19)
• Caroténoïdes		+ (de 115 à 166)
-Conductance stomatique ($mmolH_2O.m^{-2}.s^{-1}$)		Aucun effet
-Concentration en CO_2 intercellulaire		
Activités transcriptionnelles :		
-B-Glucosidase	Non mesurées	Non mesurées
-Sorbitol déshydrogénase		
-Invertase acide vacuolaire		
-Xyloglucan Endotransglycosylase/Hydrolases XET		
-Expansines EXPA1, 2, 3 et 4		
- Xyloglucan transglycosylase/Hydrolases XTH1, 2, 3, et 4		
-Aquaporine PIP2.1		

1.1 Effets du spectre lumineux bleu sur la croissance du rosier

Nos travaux ont montré que lorsque des boutures enracinées de rosier sont cultivées sous lumière bleue monochromatique, celles-ci présentent des développements végétatif et floral normaux et similaires à ceux obtenus sous un spectre lumineux complet. Ce résultat est original puisqu'aucun travail jusqu'alors n'avait montré que la lumière bleue monochromatique était capable d'induire tous les processus morphogénétiques (élongation des feuilles et des entre-nœuds, organogenèse au sein des méristèmes végétatifs et floraux, morphogenèse florale) nécessaires au développement des axes aériens de rosiers. En effet, chez la plupart des espèces étudiées comme la tomate (Wilson *et al.*, 1993), le pin (Sarala *et al*, 2007) ou le concombre (Cosgrove, 1981), la lumière bleue est connue pour son effet inhibiteur sur ces processus. Ce résultat indique que le rosier est capable d'induire et d'ajuster quantitativement et qualitativement les mécanismes qui assurent son développement en fonction de la qualité du spectre lumineux incident. Le rosier est donc une plante qui présente de fortes capacités d'adaptation à son environnement lumineux.

Cette forte capacité d'adaptation à la lumière bleue du rosier a toutefois résulté en une absence d'effet de cette condition lumineuse sur les caractères architecturaux des plantes cultivées. Ainsi donc, dans une stratégie visant à moduler la forme d'une plante ornementale par les conditions d'éclairement, il semble, en tout cas pour le rosier, que le choix d'une lumière bleue monochromatique ne soit pas efficace.

La suppression de la lumière bleue de la lumière d'éclairement permet-elle d'atteindre en revanche cet objectif ? C'est à cette deuxième question que nous avons cherché à répondre. Dans ce but, des boutures de rosiers ont été cultivées sous spectre lumineux complet ou sous spectre lumineux dépourvu de photons bleus. Nos travaux ont démontré que, comme sous lumière bleue monochromatique, sous un spectre lumineux dépourvu de photons bleus, les plantes de rosiers étaient capables de produire un développement végétatif complet et une floraison normale. Ceci confirme à nouveau les fortes propriétés d'adaptation des rosiers à leur environnement lumineux. L'impact morphologique le plus intéressant que nous ayons observé, est celui d'une stimulation significative de l'élongation des axes primaires chez le cultivar 'Old blush', sans que cela n'affecte le développement foliaire ou floral. Des résultats similaires ont été observés chez le rosier fleur coupé 'Mercedes'(Maas et Barks, 1995), mais aussi la pomme de terre (Yorio *et al.*, 1995), la laitue (Wheeler et *al.*, 1994), le soja (Dougher *et al.*, 1997) et le haricot (Maas *et al.*,1995a). Le caractère morphologique 'longueur des axes' est un critère commercial majeur chez les rosiers fleurs coupées. Nos résultats montrent que la suppression de la lumière bleue de la lumière d'éclairement agit chez plusieurs cultivars de rosier. Elle pourrait alors apporter une solution pour les horticulteurs qui cherchent à avoir des axes floraux longs tout en respectant l'environnement et la santé des consommateurs. L'absence d'effet sur l'élongation des axes de *Rosa hybrida* 'Raddrazz' indique toutefois que des essais préliminaires nécessitent d'être menés chez chacun des cultivars de rosier pour vérifier l'intérêt de cette méthode de conduite.

1.2 La lumière bleue agit-elle sur le développement des rosiers au travers d'une modulation de l'activité photosynthétique des plantes ?

Les plantes sont des organismes capables de moduler leur croissance en fonction de leur environnement lumineux. Cette adaptation peut s'effectuer au travers d'une modulation de l'assimilation chlorophyllienne et/ou de mécanismes morphogénétiques (Smith, 1982). La ou lesquelles de ces voies sont-elles utilisées par les rosiers pour répondre au spectre lumineux bleu ?

Nos expérimentations conduites chez les deux cultivars de rosiers 'Radrazz' et 'Old Blush' ont permis de démontrer que la lumière bleue affecte significativement l'assimilation photosynthétique du rosier. Une réduction de l'assimilation chlorophyllienne de l'ordre de 25% chez 'Radrazz' et 58% chez 'Old blush' a ainsi été mesurée sous lumière bleue monochromatique en comparaison de celle mesurée sous lumière blanche. Inversement et logiquement, lorsque les raies bleues sont supprimées du spectre lumineux, l'assimilation chlorophyllienne augmente de plus de 64%, comme nous l'avons montré chez le cultivar 'Old Blush'. Une telle augmentation de l'activité photosynthétique lorsque l'intensité de la lumière bleue diminue a été rapportée précédemment chez d'autres végétaux comme le radis (*Raphanus sativus* L. cv. 'Cherriette'), la laitue (*Lactuca sativa* L. cv. 'Waldmann's Green') et l'épinard (*Spinacea oleracea* L. cv. 'Nordic IV') (Yorio *et al.*, 2001). Nous avons montré que cet effet de la lumière bleue sur la photosynthèse du rosier pouvait impliquer plusieurs mécanismes : d'une part, un effet sur les teneurs en pigments chlorophylliens (chlorophylles et caroténoïdes), qui diminuent en présence de lumière bleue monochromatique et augmentent lorsque l'on supprime les raies bleues ; d'autre part, un effet sur la conductance stomatique, qui augmente chez le cultivar 'Old Blush' lorsque les raies bleues sont supprimées mais aussi un effet sur le développement histologique des feuilles : celles-ci sont plus fines en l'absence de raies bleues, avec notamment un épiderme adaxial moins épais, ce qui pourrait favoriser la perception du flux de photons vers les chloroplastes, et inversement plus épaisse en conditions de lumière bleue monochromatique.

Ainsi donc, nous pouvons conclure que l'effet de la lumière bleue sur le développement aérien du rosier passe bien par une modulation de l'activité photosynthétique de ces plantes. Est-ce la seule voie de contrôle de la lumière bleue ? Par l'étude fine de processus impliqués dans l'élongation des axes, nous avons cherché à savoir si la lumière bleue agissait aussi au travers d'un photocontrôle de processus morphogénétiques.

1.3 Identification de processus morphogénétiques impliqués dans le photo-contrôle de l'élongation des axes par la lumière bleue

A l'aide de la technique des empreintes cellulaires, nous avons mis évidence que la suppression de la lumière bleue de la lumière d'éclairement stimulait significativement l'élongation des cellules des axes aériens. Or, cette élongation exige des changements accrus de l'extensibilité de la paroi cellulaire (Cosgrove, 2005). La β-Glucosidase est une des enzymes qui intervient dans ce relâchement pariétal (Cosgrove, 1999). Notre étude moléculaire a montré que l'activité transcriptionnelle du gène codant cette enzyme était très fortement (x25) accrue en absence de lumière bleue. Ceci suggère un fort photo-contrôle exercé sur la transcription de ce gène et une action plus particulière des mécanismes de signalisation de la lumière bleue sur l'activation du promoteur de ce gène. Ce résultat est original car aucun travail de recherche n'a jusqu'à ce jour rapporté un effet de la lumière sur la transcription de ce gène. Au regard des résultats obtenus sur d'autres gènes contrôlant l'expansion pariétale : expansines (*Rh*EXPA1, *Rh*EXPA2, *Rh*EXPA3), et endotransglycosylase xyloglucane/hydrolases (*Rh*XTH1, *Rh*XTH2, *Rh*XTH3, *Rh*XTH4) et exprimés au cours de l'élongation des axes de rosiers, il apparait que la lumière bleue agit de manière très différenciée sur uniquement certains des acteurs de l'expansion pariétale. Cette répression ciblée suffit toutefois à une réduction globale de l'expansion cellulaire.

Nos résultats suggèrent aussi qu'au côté de ce contrôle sur le relâchement pariétal, les raies bleues agissent en modulant le métabolisme glucidique. En effet, en absence de lumière bleue, l'accumulation de transcripts de la sorbitol déshydrogénase triple alors que celle des transcripts de l'invertase acide vacuolaire diminue. Une telle modulation du métabolisme glucidique avait précédemment été observée au sein de bourgeons de rosiers cultivés à l'obscurité (Girault *et al.*, 2010). Pour ses bourgeons, l'absence de lumière bloque totalement le débourrement et donc tous les phénomènes d'expansion que ce soit d'axes ou de primordia foliaires (Girault, 2009). Il semble donc que la sorbitol déshydrogénase et l'invertase acide vacuolaire jouent un rôle clé dans le photocontrôle de l'expansion chez le rosier. Comment agissent-elles ? Via le contrôle de la turgescence cellulaire participant ainsi directement au contrôle de l'expansion cellulaire comme le suggère Pommerrenig et *al.* (2007), via la production de briques élémentaires glucidiques des parois ou via l'apport énergétique fourni par la dégradation de ces sucres. Une étude approfondie sera nécessaire pour répondre à ces questions.

En conclusion, il résulte de cette étude qu'au moins un processus cellulaire fondamental : l'expansion soit sous photocontrôle et donc que la lumière bleue agisse sur le développement du rosier à la fois via le contrôle de son assimilation chlorophyllienne et via sa photomorphogénèse.

1.4 Quels sont les photorécepteurs qui sont impliqués dans la photo-modulation de l'élongation des tiges ?

Pour approfondir notre étude, il était intéressant d'identifier les photorécepteurs impliqués dans la réponse d'élongation des axes à la lumière bleue. L'absence de mutants de photorécepteurs chez le rosier, le manque d'information sur les séquences géniques de ces photorécepteurs et la difficulté de manipuler génétiquement le rosier ont rendu impossible d'effectuer ce travail chez le rosier. Pour réaliser cette étude, il était alors important de choisir une plante ayant les mêmes réponses que les rosiers vis a vis de la qualité de la lumière ce qui pourrait permettre à l'avenir d'étendre les résultats au rosier.

Les travaux réalisés précédemment par Girault *et al.* (2008) ont mis en évidence que, comme les rosiers et contrairement à d'autres espèces, le pois (*Pisum sativum* L.) a un besoin absolu de lumière pour débourrer. De plus, des mutants de photorécepteurs ont été parfaitement décrits dans la littérature (Weller *et al.*, 1997). Nous avons donc choisi cette espèce pour étudier les photorécepteurs impliqués dans le photo-contrôle de la croissance des axes aériens. Pour conforter le choix du pois dans la réalisation cette étude, il était nécessaire d'étudier préalablement la réponse des axes caulinaires de pois à l'absence de raies bleues. Comme nous l'avions constaté chez le rosier, l'absence de lumière bleue dans la lumière d'éclairement stimule l'élongation des axes primaires chez le phénotype sauvage du pois. Comme pour les axes I de rosier, cette stimulation de l'élongation des axes est la conséquence d'une stimulation de l'élongation des métamères et non pas d'une augmentation de leur nombre. De même, l'absence de lumière bleue stimule aussi la production de la biomasse des entre-nœuds chez le pois et n'a aucun effet sur le développement des feuilles.

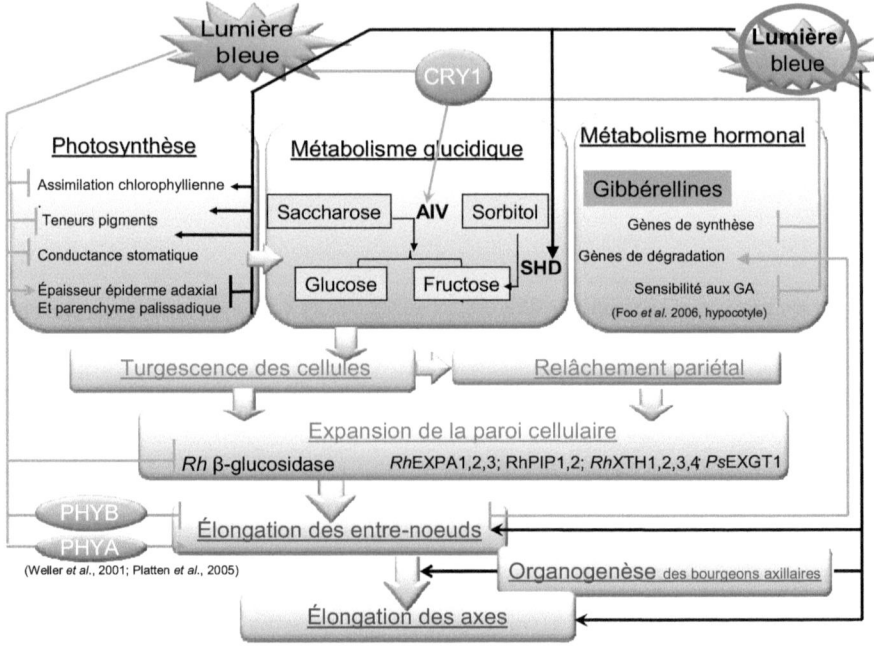

Fig.37: Synthèse des effets de la lumière bleue, observés dans ces recherches et dans la bibliographie, sur l'élongation des axes du rosier *Rosa chinensis* cv 'Old Blush' et de pois (*Pisum sativum* L.).

Ainsi, cette expérience préliminaire a démontré que les axes aériens de pois comme ceux du rosier présentaient une même sensibilité à la lumière bleue qui affecte leur capacité d'élongation. L'étude des photorécepteurs participant à la réponse des axes à la lumière bleue pouvait donc de manière pertinente être conduite chez le pois.

Trois mutants de photorécepteurs *phyA, phyB et cry1* de pois ont été cultivés en absence ou en présence du spectre lumineux bleu dans la lumière blanche. Nous avons démontré que chez le mutant *phyB*, le spectre lumineux bleu n'inhibait plus l'élongation des métamères. Le phytochrome B semble donc contribuer majoritairement à la photo-modulation de l'élongation des axes par la lumière bleue. Chez les mutants *phyA*, et *cry1*, le spectre lumineux bleu continue à réprimer l'élongation des axes. Ceci suggère que le phytochrome A et le cryptochrome1 ne participent pas ou peu à l'inhibition de l'élongation des axes chez le pois par le spectre bleu. D'autres photorécepteurs, que nous n'avons pu étudiés, pourraient participer au photo-contrôle de l'élongation des tiges par la lumière bleue : PHYC (Franklin et *al.*, 2003), PHYD (Aukerman et *al.*, 1997) PHYE (Devlin et *al.*, 1998), mais aussi CRY 2, pour lequel des travaux chez *Arabidopsis thaliana*, ont montré son rôle dans le contrôle du dé-étiolement de l'hypocotyle par les raies bleues (Lin et *al.*, 1998). Toutefois, ces mutants ne sont pas disponibles chez le pois, et ce travail nécessiterait de développer l'approche chez une autre espèce (*Arabidopsis* ou la tomate).

Le rôle important que semble jouer le phytochrome B dans la perception de la lumière bleue et la transduction de son signal pourrait expliquer l'absence d'impact de la lumière monochromatique bleue sur le développement du rosier. En effet, l'on pouvait attendre que dans les expérimentations sous lumière bleue seule, l'absence de raies rouges, fondamentales pour la photosynthèse mais aussi pour de nombreux processus de photomorphogenèse, ait un effet majeur sur le développement des rosiers. Or nos expériences chez le pois semblent montrer que la lumière bleue emprunte -au moins pour l'élongation des axes- la voie de perception de la lumière rouge (phytochrome), et l'on peut supposer les mêmes voies de signalisation induites par ces photorécepteurs. Ainsi donc le stimulus lumineux qu'il provienne de photons bleus ou rouges pourrait indifféremment déclencher la même voie de transduction de la lumière pour le contrôle de la croissance des axes. Ceci expliquerait la forte adaptabilité des plantes et en particulier du rosier à son environnement lumineux. L'ensemble des effets de la lumière bleue sur l'élongation des axes de rosier et de pois, observés dans nos recherches et dans la bibliographie, est synthétisé dans la figure 37.

Ces deux espèces présentent une forte sensibilité à la lumière bleue avec une stimulation de l'élongation des axes en l'absence de raies bleues dans la lumière d'éclairement. Plusieurs photorécepteurs sont impliqués dans la réponse des plantes adultes au bleu: le phytochrome A (PHYA) promeut l'élongation des entre-noeuds alors que le cryptochrome 1 (CRY1) (Weller *et al.*, 2001 ; Platten *et al.*, 2005) et le phytochrome B (PHYB) la répriment. PHYB est le photorécepteur majoritairement responsable de l'inhibition de l'allongement des axes par les raies bleues (nos résultats). La stimulation de l'élongation des axes d'ordre I en l'absence de raies bleues est due à une croissance plus forte des entre-nœuds seulement alors que celle des axes d'ordre II résulte aussi d'une stimulation de l'organogenèse des bourgeons axillaires. L'allongement plus fort des entre-nœuds en l'absence de raies bleues résulterait d'effets complémentaires sur plusieurs processus : activité photosynthétique, métabolisme glucidique et expansion pariétale, métabolisme hormonal. Une augmentation de l'assimilation chlorophyllienne, promue par une plus grande teneur en pigments chlorophylliens et une plus grande conductance stomatique, associée à une moindre épaisseur des feuilles pouvant contribuer à un meilleur transfert énergétique vers les chloroplastes, apporterait l'énergie supplémentaire ainsi que les sucres nécessaires à cette croissance accrue. De plus, le basculement du métabolisme du saccharose vers celui du sorbitol traduit par la stimulation de la transcription du gène codant la Sorbitol déshydrogénase (SDH), constatée en absence de lumière bleue, pourrait participer à l'augmentation de turgescence nécessaire à l'expansion cellulaire observée dans ces conditions (Pommerrenig *et al.*, 2007). Parallèlement, une stimulation de l'expansion des parois cellulaires au travers du relâchement pariétal a lieu au travers de l'augmentation de l'activité transcriptionnelle de gènes-cibles tels la β-Glucosidase, alors que l'activité d'autres gènes majeurs de l'expansion des parois n'est pas modifiée par l'absence des raies bleues (expansines (*Rh*EXPA1, *Rh*EXPA2, *Rh*EXPA3), endotransglycosylase xyloglucane/hydrolases (*Rh*XTH1, *Rh*XTH2, *Rh*XTH3, *Rh*XTH4) et endoxyloglucan transferase (*Ps*EXGT1). Cette action des raies bleues sur l'expression de gènes impliqués dans l'expansion pariétale pourrait être complétée par leur action sur le métabolisme et la sensibilité des cellules aux gibbérellines (Foo et *al* ; 2006).

2. Perspectives

Les perspectives de notre travail sont nombreuses et à plusieurs échelles:

Au niveau moléculaire et comme il vient d'être dit, les connaissances que nous avons acquises sur les deux espèces rosier et pois, vont nous permettre d'étudier une voie de transduction du signal lumineux dans un processus très peu abordé dans la littérature : l'élongation des axes caulinaires. Si comme précisé dans l'introduction, des travaux nombreux ont été conduits sur un type particulier d'axe : l'hypocotyle, ici il s'agit de s'intéresser à des tiges adultes, matures. Un parallèle intéressant pourra d'ailleurs être fait entre les deux types de modèles biologiques afin d'évaluer les similarités et différences dans les voies de perception de la lumière.

Un questionnement aussi très intéressant à aborder est celui de l'identification du site de perception de la lumière participant au photocontrôle de l'élongation des axes. Dans le modèle de dé-étiolement de l'hypocotyle, il a été élégamment montré 1) par l'utilisation d'éclairage très localisé sur les organes, 2) mais aussi la production de greffes entre mutants de photorécepteurs et plante sauvage, ainsi que 3) par l'utilisation de constructions géniques entre promoteurs de gènes photorégulés et la partie codante de la luciférase, que la lumière contrôlant le dé-étiolement de l'hypocotyle était perçue non pas par cet organe lui-même mais par les cotylédons (Bou-Torrent *et al.*, 2008). Le message lumineux est ensuite transporté de cellules en cellules vers la base du cotylédon puis vers l'hypocotyle. Qu'en est-il du rôle des autres organes de la plante adulte, notamment des feuilles matures dans la transduction du signal lumineux vers les entre-nœuds ? Des expériences similaires à celles conduites dans le modèle de dé-étiolement de l'hypocotyle pourraient être conduites sur nos plantes adultes. Ces travaux contribueraient ainsi à davantage de connaissances des signalisations inter-cellulaires et inter-organes qui ont été relativement peu travaillées en biologie végétale jusqu'ici (Montgomery, 2008) et qui ont permis d'identifier le florigène (Corbesier et Coupland, 2006).

Par ailleurs, il serait intéressant d'identifier les différences entre cultivars de rosier, voir entre espèces qui expliquent les différences de sensibilités aux conditions de lumière bleue. Ainsi dans nos travaux, nous avons montré que la suppression des raies bleues dans la lumière d'éclairement ne provoquait pas chez le cultivar 'Raddrazz' d'élongation des axes comme celle observée chez le cultivar 'Old Blush'. Des différences alléliques entre gènes impliqués dans les voies de signalisation de la lumière bleue peuvent-elles en être la cause ? Identifier de telles différences pourrait à terme contribuer à la sélection de génotypes assistée par marqueurs moléculaires

REFERENCES BIBLIOGRAPHIQUES

Abidi F, Girault T, Douillet O, Guillemain G, Sintes G, Laffaire M, BenAhmed H, Smiti S, Huché-Thélier L, Leduc N (2012) Blue light effects on rose photosynthesis and photomorphogenesis. Plant Biol. doi: 10.1111/j.1438-8677.2012.00603.x

Agreste - Maine et Loire (2001) Recensement de l'horticulture ornementale et des pépinières **25p**

Agreste - Maine et Loire (2006) le Maine et Loire: une diversité sans dispersion **26p**

Ahmad M, Cashmore AR (1993) *HY4* gene of *A. thaliana* encodes a protein with characteristics of a blue-light photoreceptor. Nature **366**: 162-166

Ahmad M, Cashmore AR (1997) The blue-light receptor cryptochrome 1 shows functional dependence on phytochrome A or phytochrome B in *Arabidopsis thaliana*. Plant Journal **11**: 421–427

Ahmad M, Jarillo JA, Smirnova O, Cashmore AR (1998) The CRY1 blue light photoreceptor of Arabidopsis interacts with phytochrome A in vitro. Molecular Cell **1**: 939–948

Aleric KM, Kirkman LK (2005) Growth and photosynthetic responses of the federally endangered shrub, *Lindera melissifolia* (Lauraceae), to varied light environments. American Journal of Botany **92**: 682-689

Andel F, Murphy JT, Haas JA, McDowell MT, van der Hoef I (2000) Probing the photoreaction mechanism of phytochrome through analysis of resonance Raman vibrational spectra of recombinant analogues. Biochemistry **39**: 2667–76

Anderson JM (1986) Photoregulation of the composition, function, and structure of thylakoid membranes. Plant Physiology **37**: 93–13

Anten NPR, Hikosaka K, Hirose T (2000) Nitrogen utilisation and the photosynthetic system, in Leaf Development and Canopy Growth , Bruce Marshall, Jeremy A. Roberts (eds), Sheffield Academic Press, Sheffield UK

Aphalo PJ, Ballaré C L, Scopel AL (1999) Plant-plant signalling, the shade avoidance response and competition. Journal of Experimental Botany **50**: 1629–1634

Aukerman MJ, Hirschfeld M, Wester L, Weaver M, Clack T, Amasino RM, Sharrock RA (1997) A deletion in the *PHYD* gene of the Arabidopsis Wassilewskija ecotype defines a role for phytochrome D in red/far-red light sensing. Plant Cell **9**: 1317–1326

Ballaré CL (1999) Keeping up with the neighbours: phytochrome sensing and other signalling mechanisms. Trends in Plant Science **4**: 97–102

Ballaré CL, Sanchez RA, Scopel AL, Casal JJ, Ghersa CM (1987) Early detection of neighbour plants by phytochrome perception of spectral changes in reflected sunlight. Plant Cell and Environment **10**: 551-557

Barillot R, Frak E, Combes D, Durand JL, Gutierrez A (2010) What determines the complex kinetics of stomatal conductance under blueless PAR in Festuca arundinacea? Subsequent effects on leaf transpiration. Journal of Experimental Botany **61**: 2795–2806

Barnes C, Bugbee B (1992) Morphological responses of wheat to blue light. Journal of Plant Physiology **139**: 339-342

Barreiro R, Guiam JJ, Beltrano J, Montaldi ER (1992) Regulation of the photosynthetic capacity of primary bean leaves by the red: far-red ratio and photosynthetic photon flux density of incident light. Physiologia Plantarum **85**: 97-101

Barthélémy D, Edelin C, Halle F (1989) Tropical Forests. *In:* Botanical dynamics, speciation and diversity. LB Holm-Nielsen, H Basler, eds. Academic Press, London, pp 89-10

Bartlett GA, Remphrey WR (1998) The effect of reduced quantities of photosynthetically active radiation on *Fraxinus pennsylvanica* growth and architecture. Canadian Journal of Botany **76**: 1359-1365

Battey NH (2000) Aspects of seasonality. Journal of Experimental Botany **51**: 1769-1780

Bauer D, Viczian A, Kircher S, Nobis T, Nitschke R, Kunkel T, Panigrahi KCS, Adam
E, Fejes E, Schäfer E, Nagy F (2004) Constitutive Photomorphogenesis 1 and multiple photoreceptors control degradation of Phytochrome Interacting Factor 3, a transcription factor required for light signaling in *Arabidopsis*. The Plant Cell **16**: 1433-1445

Benson J, Kelly J (1990) Effect of copper sulphate filters on growth of bending plants. Scientia Horticulturae **25**: 1144-1153

Bieleski RL (1982) Sugar alcohols. In: *Plant Carbohydrates*, edited by Loewus, F.A. and Tanner, W. Berlin Heidelberg New York: Springer-Verlag: 158-192

Boumaza R, Demotes-Mainard S, Huché-Thelier L, Guérin V (2009) Visual characterization of the esthetic quality of the rose bush. Journal of Sensory Studies **24**: 774-796

Bou-Torrent J, Roig-Villanova I, Martinez-Garcia JF (2008) Light signaling: back to space. Trends Plant Science **13**: 108–114

Bredmose N (1997) Chronology of three physiological development phases of single-stemmed roses (*Rosa hybrida* L) plants response to increment in light quantum integral. Journal of the American Society of Horticultural Science **69**: 107-115

Bredmose N, Hansen J (1996) Topophysis affects the potential of axillary bud growth, fresh biomass accumulation and specific fresh weight in single-stem roses *(Rosa hybrida L.)*. Annals of Botany **78**: 215-222

Briggs WR, Christie JM (2002) Phototropins 1 and 2: versatile plant blue-light receptors. Trends in Plant Science **7**: 204-210

Brown CS, Schuerge AC, Sager JC (1995) Growth and photomorphogenesis of pepper plants under red light-emitting diodes with supplemental blue or far-red lighting. Journal of the American Society for Horticultural Science **120**: 571-577

Brudler R, Hitomi K, Daiyasu H, Toh H, Kucho K, Ishiura M, Kanehisa M, RobertsVA, Todo T, Tainer JA, Getzoff ED (2003) Identification of a new cryptochrome class: structure, function, and evolution. Molecular Cell **11**: 59-67

Brugnoli E, Bjorkman O (1992) Chloroplast movements in leaves: influence on chlorophyll fluorescence and measurements of light induced absorbance changes related to pH and zeaxanthin formation. Photosynthesis Research **32**: 23–35

Burstin J (2000) Differential expression of two barley XET related genes during coleoptile growth. Journal of Experimental Botany **51**: 847- 852

Caderas D, Muster M, Vogler H, Mandel T, Rose JKC, McQueen-Mason S, Kuhlemeier C (2000) Limited correlation between expansin gene expression and elongation growth rate. Plant Physiology **123:** 1399-1413

Campbell P, Braam, J (1999) *In vitro* activities of four xyloglucan endotransglycosylases from *Arabidopsis*. Plant Journal **18**: 371–382

Casal JJ, Deregibus VA, Sanchez RA (1985) Variations in tiller dynamics and morphology in *Lolium multiflorum* Lam. vegetative and reproductive plants as affected by differences in red/far-red irradiation. Annals of Botany **56**: 553-559

Casal JJ, Sanchez RA, Deregibus VA (1986) The effect of plant density on tillering: the involvment of R/FR ratio and the proportion of radiation intercepted per plant. Environmental and Experimental Botany **26:** 365-371

CFCE-UBIFRANCE (2004) France : Chiffre Horticole 2004. **60 p**

Cerny TA, Faust JE, Layne DR, Rajapakse NC (2003) Influence of photoselective film and growing season on stem growth and flowering of six plant species. Journal of the American Society for Horticultural Science **128**: 486-491

Chaanin A (2003) Selection strategies for cut roses In: Encyclopedia of Rose Science, Elsevier Academic Press **1:** 33-40

Channelière S, Rivière S, Scalliet G, Szecsi J, Jullien F, Dolle C, Vergne P, Dumas C, Bendahmane M, Hugueney P, Cock JM (2002) Analysis of gene expression in rose petals using expressed sequence tags. FEBS Letters **515**: 35-38

Chapin F, Bloom AJ, Field CB, Waring RH (1987) Plant responses to multiple environmental factors. Bio Science **37**: 49 – 56

Chelle M (2005) Phylloclimate or the climate perceived by individual plant organs: What is it? How to model it? What for? New Phytologist **166**:781-790

Cho HT, Cosgrove DJ (2000) Altered expression of expansin modulates leaf growth and pedicel abscission in *Arabidopsis thaliana*. Proceedings of the National Academy of Sciences of the United States of America **97**: 9783-9788

Choi JH, Adams NR, Chan TF, Zeng C, Cooper JA, Zheng S (2000) TOR signaling regulates microtubule structure and function. Current Biology **10**: 861-864

Christensen AH, Quail PH (1989) Structure and expression of a maize phytochrome encoding gene. Gene **85**: 381-390

Codarin S, Galopin G, Chasseriaux G (2006) Effect of air humidity on the growth and morphology of *Hydrangea macrophylla* L. Scientia Horticulturae **108**: 303–309

Corbesier L, Coupland G (2006) The quest for florigen: a review of recent progress. Journal of Experimental Botany **57**: 3395–3403

Cosgrove DJ (1980) Rapid suppression of growth by blue light. Plant Physiology **67**: 584-590

Cosgrove DJ (1981) Rapid Suppression of Growth by Blue Light:Biophysical mechanism of action .Plant Physiology **68**:1447-53

Corbesier L, Coupland G (2006) The quest for florigen: a review of recent progress. Journal of Experimental Botany **57**: 3395–3403

Cosgrove DJ (1980) Rapid suppression of growth by blue light. Plant Physiology **67**: 584-590

Cosgrove DJ (1981) Rapid Suppression of Growth by Blue Light:Biophysical mechanism of action .Plant Physiology **68:**1447-53

Cosgrove DJ (1988) Mechanism of rapid suppression of cell expansion in cucumber hypocotyls after blue-light irradiation. Planta **109**: 116-1988

Cosgrove DJ (1999) Enzymes and other agents that enhance cell wall extensibility. Annual Review of Plant Physiology and Plant Molecular Biology **50**: 391-417

Cosgrove D. (2000) Expansine growth of plant cell walls. Plant Physiology and Biochemistry **38**: 109-124

Cosgrove D (2005) Growth of the plant cell wall. Nature Reviews Molecular Cell Biology **6**: 850-861

Cremer FA, Havelange H, Saedler A, Huijer P (1998) Environmental control of flowering time in *Antirrhinum majus*. Journal of Plant Physiology **104**: 345-350

Czechowski T, Stitt M, Altmann T, Udvardi MK, and Scheible WR (2005) Genome-wide identification and testing of superior reference genes for transcript normalization in Arabidopsis. Plant Physiology **139**: 5–17

Dambre P, Blindeman L, Van Labeke MC (2000) Effect of planting density and harvesting method on rose flower production. Acta Horticulturae **513**: 129–135

Darlington AB, Dixon MA, Tsujita MJ (1992) The influence of humidity control on the production of greenhouse roses *(Rosa hybrida)*. Scientia horticulturae **49**: 291-303

De Lucas M, Daviere JM, Rodriguez-Falcon M, Pontin M, Iglesias-Pedraz JM, Lorrain S, Fankhauser C, Blazquez MA, Titarenko E, Prat S (2008) A molecular framework for light and gibberellin control of cell elongation. Nature **451**: 480–484

De Vries DP (1993) The vigour of glasshouse roses: scion-rootstocks relationships: effects of phenotypic and genotypic variation. Dissertation Wageningen Agricultural University, Wageningen, The Netherlands. Drukkerij Jan Evers **170 p**

Devlin PF, Patel SR, Whitelam GC (1998) Phytochrome E influence internode elongation and flowering time in *Arabidopsis*. The Plant Cell **10:** 1479-1488

Dewitte W, Murray JAH (2003) The plant cell cycle. Annual Review of Plant Biology **54:** 235-264

Dougher TAO, Bugbee B (1997) Evidence for Yellow Light Suppression of Lettuce Growth. Photochemistry and Photobiology 73: 208-212.

Dougher TAO, Bugbee B (2004) Differences in the response of wheat, soybean and lettuce to reduced blue radiation. Photochemistry and Photobiology **73:** 199-207

Duek PD, Fankhauser C (2005) bHLH class transcription factors take centre stage in phytochrome signalling. Trends Plant Science **10:** 51–54

Emerson R, Arnold W (1932) A separation on the reactions in photosynthesis of intermittent light. The Journal of General Physiology **15:** 391-420

Eskins K (1992) Light-quality effects on *Arabidopsis* development. Red, blue and far-red regulation of flowering and morphology. Physiologia Plantarum **86:** 438-444

Eskins K, McCarthy SA (1987) Blue, red and blue plus red light control of chloroplast pigment and pigment-proteins in corn mesophyll cells: Irradiance level-quality interaction Physiologia Plantarum **71:** 100–104

Esmon CA, Tinsley AG, Ljung K, Sandberg G, Hearne LB, and Liscum E (2006) A gradient of auxin and auxin-dependent transcription precedes tropic growth responses. Proceedings of the National Academy of Sciences USA **103:** 236–241

Evans JR, Loreto F (2000) Acquisition and diffusion of CO2 in higher plant leaves. In: Leegood RC, Sharkey TD, von Caemmerer S, eds. Photosynthesis: physiology and metabolism. Dordrecht, The Netherlands: Kluwer Academic Publishers 321–351

Evans NH, McAinsh MR, Hetherington AM (2001) Calcium oscillations in higher plants. Current Opinion in Plant Biology **4:**415–420

Esmon CA, Tinsley AG, Ljung K, Sandberg G, Hearne LB, and Liscum E (2006) A gradient of auxin and auxin-dependent transcription precedes tropic growth responses. Proceedings of the National Academy of Sciences USA **103:** 236–241

Evans JR, Loreto F (2000) Acquisition and diffusion of CO2 in higher plant leaves. In: Leegood RC, Sharkey TD, von Caemmerer S, eds. Photosynthesis: physiology and metabolism. Dordrecht, The Netherlands: Kluwer Academic Publishers 321–351

Evans NH, McAinsh MR, Hetherington AM (2001) Calcium oscillations in higher plants. Current Opinion in Plant Biology **4:**415–420

Evers JB, Vos J, Andrieu B, Struik PC (2006) Cessation of tillering in spring wheat in relation to light interception and red:far-red ratio. Annals of Botany **97:** 649-658

Fankhauser C, Staiger D (2002) Photoreceptors in *Arabidopsis thaliana*: light perception, signal transduction and entrainment of the endogenous clock. Planta **216**: 1–16

Flexas J, Ribas-Carbo M, Diaz-Espejo A, Galme SJ, Medrano H (2008) Mesophyll conductance to CO_2: current knowledge and future prospects. Plant Cell and Environment **31**: 602–621

Folta KM, Spalding EP (2001) Opposing roles of phytochrome A and phytochrome B in early cryptochrome-mediated growth inhibition. The Plant Journal **28**: 330 – 340

Foo E, Bullier E, Goussot M, Foucher F, Rameau C, Beveridge CA (2006) The branching gene RAMOSUS1 mediates interactions among two novel signals and auxin in pea. Plant Cell **17**: 464–474

France AgriMer (2011) Les achats des particuliers en végétaux d'ornement en 2009. pp.1-14

Franklin KA (2008) Shade avoidance. New Phytologist **179**: 930–944

Franklin KA, Whitelam GC (2005) Phytochromes and shade-avoidance responses in plants. Annals of Botany **96**: 169–175

Franklin KA, Davis SJ, Stoddart WM, Vierstra RD, Whitelam GC (2003) Mutant analyses define multiple roles for phytochrome C in *Arabidopsis* photomorphogenesis. Plant Cell **15**: 1981-1989

Fry SC, Smith RC, Renwick KF, Martin DJ, Hodge SK, Matthews KJ (1992) Xyloglucan endotransglycosylase, a new wall-loosening enzyme activity from plants. Biochemical Journal **282**: 821–828

Fukuda S, Mikami K, Uji T, Park E J, Ohba T, Asada K, Kitade Y, Endo H, Kato I, Saga N (2008) Factors influencing efficiency of transient gene expression in the red macrophyte *Porphyra yezoensis*. Plant Science **174**: 329-339

Fustec J Beaujard F (2000) Effect of photoperiod and nitrogen supply on basal shoot development in *Rhododendron catawbiense*. Biologia Plantarum **43**: 511-51

Gautier H (1991) Physiologie des stomates. Réponse à la lumière bleue des protoplastes de cellules de garde. Thèse de doctorat Universite´ Paul Sabatier, Toulouse, France, **174 p**

Gautier H, Varlet-Grancher C, Baudry N (1998) Comparison of horizontal spread of white clover (*Trifolium repens* L.) grown under two artificial light sources differing in their content of blue light. Annals of Botany **82**: 41-48

Gautier H, Varlet-Grancher C, Hazard L (1999) Tillering responses to the light environment and to defoliation in populations of perennial ryegrass (*Lolium perenne* L.) selected for contrasting leaf length. Annals of Botany **83**: 423-429

Girault T (2009) Etude du photocontrôle du débourrement du bourgeon chez le rosier (Rosa sp. L) : impact de la lumière sur le métabolisme glucidique et l'élongation cellulaire. Thèse de doctorat Université d'Angers, France **187 p**

Girault T, Bergougnoux V, Combes D, Viémont JD, Leduc N (2008) Light controls shoot meristem organogenic activity and leaf primordia growth during bud burst in *Rosa sp*. Plant, Cell and Environment **31**: 1534-1544

Girault T, Abidi F, Sigogne M, Pelleschi-Travier S, Boumaza R, Sakr S, Leduc N (2010) Sugars are under light control during bud burst in *Rosa* sp. Plant, Cell and Environment **33**: 1339–1350

Glowacka B (2006) Response of the tomato (*Lycopersicon esculentum* Mill.) transplant to the daylight supplemented with blue spectrum. Folia Horticulturae Supplement **4**: 145-149

Gontijo LM, Margolies DC, Nechols JR, Cloyd RA (2010) Plant architecture, prey distribution and predator release strategy interact to affect foraging efficiency of the predatory mite *Phytoseiulus persimilis* (Acari: Phytoseiidae) on cucumber. Biological Control **53**: 136-141

Grandjean O, Vernoux T, Laufs P, Belcram K, Mizukami Y, Traas J (2004) In vivo analysis of cell division, cell growth, and differentiation at the shoot apical meristem in *Arabidopsis*. The Plant Cell **16**: 74-87

Grant L, Daughtry CST, Vanderbilt VC (2003) Polarized and specular reflectance variation with leaf surface features. Physiologia Plantarum **88**: 1-9

Gudin S (2000) Rose: genetics and breeding. Plant Breeding Reviews **17**: 159-189

Halle F, Oldeman RAA (1970) Essai sur l'architecture et la dynamique de croissance des arbres tropicaux. Ed Masson, Ed. Monog. Annales des sciences naturelles- Botaniques et Biologie Végétale, **178p**

Hauser BA, Cordonier-Pratt MM, Daniel-Vedele F, and Pratt LH (1995). The phytochrome gene family in tomato includes a novel subfamily. Plant Molecular and Biology **29**: 1143–1155

Hirschfeld M, Tepperman JM, Clack T, Quail PH, Sharrock RA (1998) Coordination of phytochrome levels in *phyB* mutants of Arabidopsis as revealed by apoprotein-specific monoclonal antibodies. Genetics **149**: 523-535

Hofmann RW, Campbell BD, Bloor SJ, Swinny EE, Markham KR, Ryan KG, Fountain, DW (1996) Responses on UV-B radiation in *Trifolium repens* L. Physiological links to plant productivity and water availability. Plant Cell and Environnement **26**: 603–612

Hogewoning SW, Douwstra P, Trouwborst G, van Ieperen W, Harbinson J (2010) An artificial solar spectrum substantially alters plant development compared with usual climate room irradiance spectra. Journal of Experimental Botany **61**: 1267–1276

Horton P, Ruban AV, Walters RG (1994) Regulation of light harvesting in green plants. Indication by nonphotochemical quenching of chlorophyll fluorescence. Plant Physiology **106**:415–420

Huala E, Oeller PW, Liscum E, Han IS, Larsen E, Briggs WR (1997) *Arabidopsis* NPH1 a protein kianse with a putative redox-sensing domain. Science **278**: 2120-2123

Huché-Thélier L, Boumaza R, Demotes-Mainard S, Canet A, Symoneaux R, Douillet O, Guerin V (2011) Nitrogen deficiency increases basal branching and modifies the visual quality of the rose bushes. Scientia horticulturae **130**: 325-334

Hurst CC (1927) Differential polyploidy in the genus *Rosa* L. Verhandlungen des V Internationalen Kongresses fur Vererbungswissenschaft, suppl. **2**: 867-906

Imaizumi T, Tran HG, Swartz TE, Briggs WR, Kay SA (2003) FKF1 is essential for photoperiodic-specific light signalling in *Arabidopsis*. Nature **426**: 302-306

Inada S, Ohgishi M, Mayama T, Okada K, Sakai T (2004) RPT2 is a signal transducer involved in phototrophic response and stomatal opening by association with phototropin 1 in *Arabidopsis thaliana*. The Plant Cell **16**: 887-896

Jang IC, Henriques R, Seo HS, Nagatani A, Chua NH (2010) Arabidopsis PHYTOCHROME INTERACTING FACTOR proteins promote phytochrome B polyubiquitination by COP1 E3 ligase in the nucleus. Plant Cell **22**: 2370–2383

Jarillo JA, Capel J, Tang RH, Yang HQ, Alonso JM, Ecker JR, Cashmore AR (2001) An *Arabidopsis* circadian clock component interacts with both CRY1 and PHYB. Nature **410**: 487-490

Jiao Y, Lau OS, Deng XW (2007) Light-regulated transcriptional networks in higher plants. Nature Reviews Genetics **8**: 217-230

Johnsen O, Fossdal CG, Baumann R, Molmann JM, Daehlen OG, Clapham DH, Skoppa T (2003) The maternal temperature during zygotic embryogenesis influences the adaptative properties of norway spruce progeneis : a gene? Tree Biotechnology S3.7

Jones HG (1992) Plants and microclimate: a quantitative approach to environmental plant physiology. The American Society for Horticultural Science **25**: 19–26

Kaku T, Tabuchi A, Wakabayashi K, Kamisaka S, Hoson T (2002) Action of xyloglucan hydrolase within the native cell wall architecture and its effect on cell wall extensibility in azuki bean epicotyls. Plant Cell Physiology **43**: 21–26

Karlsson PE, Assmann SM (1990) Rapid and specific modulation of stomatal conductance by blue-light in ivy (*Hedera helix*): an approach to assess the stomatal limitation of carbon assimilation. Journal of Plant Physiology **94**: 440–447

Kawamura K, Takeda H (2002). Light environment and crown architecture of two temperate *Vaccinium* species: inherent growth rules versus degree of plasticity in light response. Canadian Journal Botany **80**: 1063-1077

Kawamura K, Takeda H (2004). Rules of crown development in the clonal shrub *Vaccinium hirtum* in a low-light understory: a quantitative analysis of architecture. Canadian Journal Botany **82**: 329-339

Kehoe DM, Grossmann AR (1996) Similarity of a chromatic adaptation sensor to phytochrome and ethylene receptors. Science **273**: 1409-1412

Keuskamp DH, Sasidharan R, Vos I, Peeters AJM, Voesenek LACJ. Pierik R (2011) Blue light-mediated shade avoidance requires combined auxin and brassinosteroid action in *Arabidopsis* seedlings. Plant Journal **10**: 313-365

Khattak AM, Pearson S, Johnson CB (2004) The effects of far red spectral filters and plant density on the growth and development of chrysanthemums. Scientia Horticulturae **102**, 335-341

Kigel J, Cosgrove DJ (1991) Photoinhibition of stem elongation by blue and red light. Plant physiology **95**: 1049-1065

Kinoshita T, Doi M, Suetsugu N, Kagawa T, Wada M, Shimazaki K (2001) Phot1 and phot2 mediate blue light regulation of stomatal opening. Nature **414**: 656-660

Lawson T, Lefebvre S, Baker NR, Morison JIL, Raines C (2008) Reductions in mesophyll and guard cell photosynthesis impact on the control of stomatal responses to light and CO_2. Journal of Experimental Botany **59**: 3609–3619

Lee DK, Ahn JH, Song SK, Choi YD, Lee JS (2003) Expression of an expansin gene is correlated with root elongation in soybean. Plant Physiology **131**: 985–997

Li S, Rajapakse NC, Young RE, Oi R (2000) Growth responses of chrysanthemum and bell peper transplants to photoselective plastic films. Scientia Horticulturae **84**: 215-225.

Liguori-Loiseau M (1991) La Qualité des plantes en pots : influence du substrat et du régime d'irrigation. Thèse de doctorat, Université d'Angers, France **200 p**

Lin C, Todo T (2005) The cryptochromes. Genome Biology **6**: 2 20. 230

Lin C, Ahmad M, Cashmore AR (1996) *Arabidopsis* cryptochrome 1 is a soluble protein mediating blue light-dependent regulation of plant growth and development. The Plant Journal **10**: 893-902

Lin C, Yang H, Guo H, Mockler T, Chen J, Cashmore AR (1998) Enhancement of blue-light sensitivity of *Arabidopsis* seedlings by a blue light receptor cryptochrome 2. Proceedings of the National Academy of Sciences USA **95**: 2686–2690

Liscum E, Hodgson DW, Campbell TJ (2003) Blue light signaling through the cryptochromes and phototropins. So that's what the blues is all about. Plant Physiology **133**:1429–1436

Livak KJ, Schmittgen TD (2001) Analysis of Relative Gene Expression Data Using Real-Time Quantitative PCR and the 2^{-CT} Method. Melthods **25**:402-408

Lo Bianco R, Rieger M, Sung SS (1999) Activities of sucrose and sorbitol metabolizing enzymes in vegetative sinks of peach and correlation with sink growth rate. Journal of the American Society for Horticultural Science **124**: 381-388

Loreto F, Tsonev T, Centritto M (2009) The impact of blue light on leaf mesophyll conductance. Journal of Experimental Botany **60**: 2283–2290

Ma L, Li J, Qu LJ, Hager J, Chen Z, Zhao H, Deng X-W (2002) Light control of *Arabidopsis* development entails coordinated regulation of genome expression and cellular pathways. Plant Cell **13**: 2589-2607

Maas FM, Bakx EJ (1995) Effects of light on growth and flowering of *Rosa hybrida* 'Mercedes'. Plant Physiology and Biochemistry **120**: 571-576

Maas FM, Bakx EJ, Morris DA (1995a) Photocontrol of stem elongation and dry weight partitioning in *Phaseolus vulgaris* L. by the blue light content of photosynthetic photon. Journal of Plant Physiology **146**: 665-671

Maas FM, Hofman-Eijer LB, Hulsteijn K (1995b) Flower morphogenesis in *Rosa hybrida* 'Mercedes' as studied by cryo-scanning electron and light microscopy. Effects of light and shoot position on a branch. Annals of Botany **75**: 199-205

Macedo AF, Leal-Costab MV, Tavaresb ET, Lagec CL, Esquibel MA (2011) The effect of light quality on leaf production and development of in vitro-cultured plants of *Alternanthera brasiliana Kuntze*. Environmental and Experimental Botany **70**: 43–50

Marcelis-van Acker CAM (1994) Axillary bud development in rose. PhD Thesis, Wageningen Agricultural University, Wageningen,The Netherlands,**131p**

Mary I (2003) La rose sous serre pour la fleur coupée. Inra Astredhor Editions **244 p**

Martinez-Garcia JF, Huq E, Quail P (2000) Direct targeting of light signals to a promoter element-bound transcription factor. Science **288**: 859–863

Mathews S, Sharrock RA (1996) The phytochrome gene family in grasses (Poaceae): a phylogeny and evidence that grasses have a subset of the loci found in dicot angiosperms. Molecular Biology Evolution **13**: 1141–1150

Matsumoto T, Itioka, T. Nishida T (2003) Cascading effects of a specialist parasitic on plant biomass in a Citrus agroecosystem. Ecological Research **18**: 651–659

McCree KJ (1972) The action spectrum, absorptance and quantum yield of photosynthesis in crop plants. Agricultural and Forest Meteorology **9**: 191–216

McIntyre GI (1987) The role of water in the regulation of plant development. Canadian Journal of Botany **65**: 1287-1298

McMahon JM, Kelly JW (1995) Anatomy and developed pigments of chrysanthemum leaves under spectrally selective filters. Scientia Horticulturae **64**: 203-209

McMahon MJ, Kelly JW, Decoteau DR (1991) Growth of *Dendranthema grandiflorum* (Ramat.) Kitamura under various spectral filters. Journal of the American Society for Horticultural Science **116**: 950-954

McQueen-Mason S, Cosgrove DJ (1994) Disruption of hydrogen bonding between wall polymers by proteins that induce plant wall extension. Proceedings of the National Academy of Sciences USA **91**: 6574-78

Montgomery TA (2008) Specificity of ARGONAUTE7-miR390 interaction and dual functionality in TAS3 trans-acting siRNA formation. Cell **133**: 128-141

Mor Y, Halevy AH, Porath D (1980) Characterization of the light reaction in promoting the mobilizing ability of rose shoot tips. Journal of Plant Physiology **66**: 996-1000

Morel P, Galopin G, Donès N (2009) Using architectural analysis to compare the shape of two hybrid tea rose genotypes. Scientia Horticulturae **120**: 391-398

Morelli G, Ruberti I (2000) Shade avoidance responses: driving auxin along lateral routes Plant Physiology **122**: 621–626

Morgan DC, Smith H (1981) Non-photosynthetic responses to light quality. Encyclopaedia of Plant Physiology New Series (ed. by OL Lange, PS Nobel, CB Osmond & H Ziegler). Springer-Verlag pp.109–134

Morgan DC, Rook DA, Warrington IJ, Turnbull HL (1983) Growth and development of *Pinus radiata* D. Don: the effect of light quality. Plant Cell and Environment **6**:691-701

Morison ILJ (1998) Stomatal response to increased CO_2 concentration. Journal of Experimental Botany **49**: 443 – 452.

Morris DA, Arthur ED (1984) Invertase activity in sinks undergoing cell expansion. Plant Growth Regulation **2**: 327–337

Mortensen LM, Stromme E (1987) Effects of light quality on some greenhouse crops. Scientia Horticulturae **33**: 27-36

Motchoulski A, Liscum, E (1999) *Arabidopsis* NPH3: A NPH1 photoreceptor-interacting protein essential for phototropism. Science **286**: 961–964

Mott KA, Buckley TN (1998) Stomatal heterogeneity. Journal of Experimental Botany **49**: 407 – 417

Muleo R, Morini S, Casano S (2001) Photoregulation of growth and branching of plum shoots: physiological action of two photosystems. In vitro Cellular and Development Biology **37**: 609-617

Murchie EH, Horton P (1998) Contrasting patterns of photosynthetic acclimatation to the light environment are dependent on the differential expression of the responses to altered irradiance and spectral quality. Plant Cell and Environment **21**: 139-148

Murray MB, Cannell GR, Smith RI (1989) Date of budburst of fifteen tree species in Britain following climatic warming. Journal of Applied Ecology **26**: 693–700

Nagatani A (2004) Light-regulated nuclear localization of phytochromes. Current Opinion in Plant Biology **7**: 708-711

Nagatani A, Reed JW, Chory J (1993). Isolation and initial characterization of *Arabidopsis* mutants that is deficient in phytochrome A. Plant Physiology **102**: 269-277

Nell TA, Rasmussen HP (1979) Blindness in roses: effect of high intensity light and blind shoots prediction techniques. Journal of the American Society of Horticultural Science **104**: 21-25

Ni M, Tepperman JM, Quail PH (1998) PIF3, a phytochrome-interacting factor necessary for normal photo-induced signal transduction, is a novel basic helix-loop-helix protein. Cell **95**: 657-667

Niinemets U, Lukjanova A (2003) Total foliar area and average leaf age may be more strongly associated with branching frequency than with leaf longevity in temperate conifers. New Phytologist **158**: 75-89

Nishitani K, Tominaga, R (1991) In vitro molecular weight increase in xyloglucans by an apoplastic enzyme preparation from epicotyls of *Vigna angularis*. Plant Physiology **82**: 490-497

Oguchi R, Hikosaka K, Hirose TF (2003) Does the photosynthetic light-acclimation need change in leaf anatomy? Plant, Cell and Environment **26**: 505–512

Ohno Y, Fujiwara A (1967) Photo-inhibition of elongation growth of roots in rice seedlings Plant and cell physiology **8**: 141-190

Oldeman RAA (1974) L'architecture de la forêt guyanaise. Thèse de Doctorat. C.N.R.S. 7787, Montpellier, France, 204p

Osterlund MT, Hardtke CS, Wei N, Deng XW (2000) Targeted destabilization of HY5 during light-regulated development of *Arabidopsis*. Nature **405**: 462-466

Palmer SJ, Davies WJ (1996) An analysis of relative elemental growth rate, epidermal cell size and xyloglucan endotransglycosylase activity through the growing zone of ageing maize leaves. Journal of Experimental Botany **47**: 339–347

Park YI, Chow WS, Anderson JM (1996). Chloroplast movement in the shade plant *Tradescantia albiflora* helps protect photosystem II against light stress. Plant Physiology **111**: 867-875.

Parks BM, Hoecker U, Spalding EP (2001) Light-induced growth promotion by SPA1 counteracts phytochrome-mediated growth inhibition during de-etiolation Journal of Plant Physiology, **126**: 1291-1298

Pasian CC, Lieth JH (1994) Prediction of flowering rose shoot development based on air temperature and thermal units. Scientia Horticulturae, **59**: 131-145

Penfield S (2008) Temperature perception and signal transduction in plants. New Phytologist **179**: 615-628

Perrotta G, Ninu L, Flamma F, Weller JL, Kendrick RE, Nebuloso E, Giuliano G (2000) Tomato contains homologues of *Arabidopsis* cryptochromes 1 and 2. Plant Molecular Biology **42**: 765-773

Pfündel EE, Agati G, Cerovic ZG (2006) Optical properties of plant surfaces. In M. Riederer and C. Müller (Ed.), Biology of the Plant Cuticle. Oxford: Blackwell publishing, 145p

Pierik R, Whitelam GC, Voesenek LACJ, de Kroon H, Visser EJW (2004) Canopy studies on ethylene-insensitive tobacco identify ethylene as a novel element in blue light and plant-plant signalling. Plant Journal **38**:310–319

Piszczek P, Glowacka B (2008) Effects of the colour of light on cucumber (*Cucumis sativus* L.) Seedlings. Vegetable Corps Research Bulletin **68**: 71-80

Platten JD, Foo E, Elliott RC, Hecht V, Reid JB, Weller JL (2005) Cryptochrome 1 contributes to blue-light sensing in pea. Plant Physiology **139**: 1472-1482

Pommerrenig B, Papini-Terzi FS, Sauer N (2007) Differential regulation of sorbitol and sucrose loading into the phloem of *Plantago major* in response to salt stress. Plant Physiology **144**: 1029-1038

Poorter H, Evans JR (1998) Photosynthetic nitrogen-use efficiency of species that differ inherently in specific leaf area. Oecologia **116**: 26 – 37

Potter I, Fry SC (1993) Xyloglucan endotransglycosylase activity in pea internodes. Plant Physiology **103**: 235–241

Pritchard J, Hetherington PR, Fry SC, Tomos AD (1993). Xyloglucan endotransglycosylase activity, microfibril orientation and the profiles of cell wall properties along growing regions of maize roots. Journal of Experimental Botany **44**: 1281–1289

Promojardin (2007) Le marché français du jardin: les chiffres 2007.2p (http://www.promojardin.com/).

Quail PH (1998) The phytochrome family: dissection of functional roles and signalling pathways among family members. Philosophical Transactions of the Royal Society B: Biological Sciences **353:** 1399-1403

Quail PH. (2002) Phytochrome photosensory signalling networks. Nature Reviews Molecular Cell Biology **3:** 85-93.

Rajapakse NC, Kelly JW (1993) Spectral filters influence transpirational water loss in Chrysanthemum. Scientia Horticulturae **28**: 999–1001

Rajapakse NC, Kelly JW (1995) Spectral filters and growing season influence growth and carbohydrate status of chrysanthemum. Journal of the American Society of Horticultural Science **120**: 78-83

Rajapakse NC, Kelly JW (2003) Influence of CuSO4 filters and exogenous gibberellic acid on growth of *Dendranthema grandiflorum* (Ramat.) Kitamura 'Bright Golden Ann'. Journal of Plant growth Regulation **10:** 207-214.

Rajapakse NC, Pollock R., McMahon MJ, Kelly JW, Young RE (1992) Interpretation of light quality measurements and plant response in spectral filter research. Scientia Horticulturae **27**: 1208-1211

Rajapakse NC, Pollock RK, McMahon MJ, Kelly JW Young RE (1999) Interpretation of light quality measurements and plant response in spectral filter research. Hort. Sci., 27:1208-1211

Rehder A (1940) Manual of cultivated trees and shrubs. MacMillan, New York, **996 pp**

Robin C, Hay MJM, Newton PCD, Greer DH (1994) Effect of light quality (red:far-red ratio) at the apical bud of the main stolon on morphogenesis of *Trifolium repens* L. Annals of
Botany **74:** 119-123

Rose JKC, Braam J, Fry SC, Nishitani K (2002) The XTH family of enzymes involved in xyloglucan endotransglucosylation and endohydrolysis: current perspectives and a new unifying nomenclature. Plant Cell Physiology **43**: 1421–1435

Sager JC, Smith WO, Edwards JL, Cyr KL (1988) Photosynthetic efficiency and phytochrome photoequilibria determination using spectral data. Transactions of the ASAE **316**: 1882-1889

Salomon M, Knieb E, von Zeppelin T, Rüdiger W (2003) Mapping of low and high fluence autophosphorylation sites in phototropin 1. Biochemistry **42**: 4217-4225

Sarala M, Taulavuori K, Taulavuori E, Karhu J, Laine K (2007) Elongation of Scots pine seedlings under blue light depletion is independent of etiolation. Environmental and Experimental Botany **60**: 340–343

Sasidharan R, Chinnappa CC, Voesenek LA, Pierik R (2008) The regulation of cell wall extensibility during shade avoidance: a study using two contrasting ecotypes of *Stellaria longipes*. Plant Physiology **148**: 1557-1569

Schmid R, Fromme R, Renger G (1990) The photosynthetic apparatus of *Acetabularia mediterranea* grown under red or blue light. Biophysical quantification and characterization of photosystem II and its core components. Photochemistry and Photobiology **52**: 103–109

Schrock D, Hanan JJ (1980) Further studies on rose plant renewal. Florists Review **166**: 20-34

Sharkey TD, Raschke K (1981) Effect of light quality on stomatal opening in leaves of *Xanthium strumarium* L. Journal of Plant Physiology **68**: 1170–1174

Sharrock RA, Quail PH (1989) Novel phytochrome sequences in Arabidopsis thaliana: Structure, evolution, and differential expression of a plant regulatory photoreceptor family. Genes and Development **3**: 1745–1757

Skinner RH, Simmons SR (1993) Modulation of leaf elongation, tiller appearance and tiller senescence in spring barley by far-red light. Plant, Cell and Environment **16**: 555-562

Smith H (1982) Light quality, photoperception, and plant strategy. Annual Review of Plant Physiology **33**: 481-518

Smith H. (2000) Phytochromes and light signal perception by plants: an emerging synthesis. Nature **407**: 585–591

Smith H, Holmes MG (1984) The function of phytochrome in the natural environment-III. Measurement and calculation of phytochrome photoequilibria. Photochemistry Photobiology **25**: 547-550

Smith H, Xu Y, Quail PH (1996) Antagonistic but complementary actions of phytochromes A and B allow optimum seedling de-etiolation. Plant Physiology **114**: 637–641

Strasser B, Sánchez-Lamas M, Yanovsky MJ, Casal JJ, Cerdán PD (2010) *Arabidopsis thaliana* life without phytochromes. Proceedings of the National Academy of Sciences of United States of America **107**: 4776-4781

Tabuchi A, Kamisaka S, Hoson T (1997) Purification of xyloglucan hydrolase/endotransferase from cell walls of azuki bean epicotyls. Plant Cell Physiology **38**: 653–658

Tabuchi A, Mori H, Kamisaka S, Hoson T (2001) A new type of endo-xyloglucan transferase devoted to xyloglucan hydrolysis in the cell wall of azuki bean epicotyls. Plant Cell Physiology **42:** 154–161

Takaichi M, Shimaji H, Higashide T (2000) Effect of red/ far-red photon flux ratio of solar radiation on growth of fruit vegetable seelings. Acta Horticulturae **514**: 147-156

Takenaka A (2000) Shoot growth responses to light microenvironment and correlative inhibition in tree seedlings under a forestry canopy. Tree Physiology **20:** 987-991

Tepperman JM, Zhu T, Chang H-S, Wand X, Quail PH (2001). Multiple transcription-factor genes are early targets of phytochrome A signaling. Proceedings of the National Academy of Sciences USA 98: 9437–9442

Tepperman JM, Hudson ME, Khanna R, Zhu T, Chang SH, Wang X, Quail PH (2004) Expression profiling of phyB mutant demonstrates substantial contribution of other phytochromes to red light- regulated gene expression during seedling de-etiolation. Plant Journal **38:** 725–739

Thomas B. Dickenson HG (1979) Evidence for two photoreceptors controlling growth in de etiolated seedling. Planta **146**: 545-550

Torrecillas A, Léon A, Del Amor F, Martinez-Mompean MC (1984) Determinacion rapida de chlorofila en discos foliares de limonero. Fruits **38**, 55-60

Ueda Y, Ishihara S, Tomita H, Oda Y (2000) Photosynthetic response of Japanese rose species *Rosa bracteata* and *Rosa rugosa* to temperature and light. Scientia Horticulturae **84:** 365-371

Uozu S, Tanaka M, Kitano H, Hattori K, Matsuoka M (2000) Characterisation of XET-related genes of rice. Plant Physiology **122**: 853-859

Urban L, Six S, Barthelemy L, Bearez P (2002) Effect of elevated CO2 on leaf water relations, water balance and senescence of cut roses. Journal of Plant Physiology **159**: 717–723

Ushio A, Mae T, Makino A (2008) Effects of temperature on photosynthesis and plant growth in the assimilation shoots of a rose. Soil Science and Plant Nutrition **54**: 253–258

Van den Berg GA (1987) Influence of temperature on bud break, shoot growth, flower bud atrophy and winter production of glasshouse roses. PhD Thesis, Wageningen Agricultural University, Wageningen, The Netherlands, 170p

Vandenbussche F, Pierik R, Millenaar FF, Voesenek LACJ, Van der Straeten D (2005) Reaching out of the shade. Current Opinion in Plant Biology **8**: 462–468

Vandesompele J, De Paepe A, Speleman F (2002) Elimination of primer-dimer artifacts and genomic coamplification using a two-step SYBR Green I real-time RT-PCR. Analytical Biochemistry **303**:95-98

Varlet-Grancher C, Moulia B, Sinoquet H, Russell G (1993) Spectral modification of light within plant canopies: how to quantify its effects on the architecture of the plant stand. In: Croop structure and light microclimate: Characterization and applications. C.Varlet-Grancher, R. Bonhomme et H. Sinoquet (Eds.), INRA-Editions, Paris, 427-452

Vries DPD (2003) Breeding/selection strategies for pot roses. In encyclopedia of rose science, AV Roberts, T, Debener and S Gudin eds (Oxford Elsevier) **2**: 41-48

Wada M, Kagawa T, Sato Y (2003) Chloroplast movement. Annual Review of Plant Biology **54**: 455–468

Wan C, Sosebee RE (1998) Tillering responses to Red:Far-Red Light ratio during different phenological stages in *Eragrostis curvula*. Environmental and Experimental Botany **40**: 247-254

Warrington IJ, Mitchell KJ, Halligan G (1988) Comparison of plant growth under four different lamp combinations and various temperature and irradiance levels. Agricultural Meteorology **16**: 231-45

Weller JL, Terry MJ, Reid JB, Kendrick RE (1997) The phytochrome-deficient pcd2 mutant of pea is unable to convert biliverdin IXa to phytochromobilin. Plant Journal **8**: 55-67

Weller JL, Perrotta G, Schreuder MEL, van Tuinen A, Koornneef M, Giuliano G, Kendrick RE (2001) Genetic dissection of blue-light sensing in tomato using mutants deficient in cryptochrome 1 and phytochromes A, B1 and B2. Plant Journal **25**: 427–440

Welling A, Rinne P, Vihera-Aarnio A, Kontunen-Soppela S, Heino P, Palva ET (2004) Photoperiod and temperature differentially regulate the expression of two dehydrin genes during overwintering of birch (*Betula pubescens* Ehrh.). Journal of Experimental Botany **55**: 507–516

Wheeler RM, Mackowiak CL, Sager JC (1994). Soybean stem growth under high-pressure sodium with supplemental blue lighting. Agronomy Journal **83**: 903-6

Whitelam GC, Halliday KJ (2007) Light and plant development. Blackwell Publishing, Oxford, 325 p.

Widehem C (1996) L'horticulture ornementale française. **16 pp**

Wilson DA, Weigel RC, Wheeler RM, Sager JC (1993) Light spectral quality effects on the growth of potato *(Solanum tuberosum* L.) nodal cuttings in vitro. In Vitro Cellular and Development Biology **29**: 5-8

Woodson JR, Boodley JM (1982) Influence of potassium on greenhouse roses grown in recirculating nutrients solution. Horticultural Science **17**: 46 – 47

Xu Y, Li L, Wu K, Peeters AJM, Gage DA and Zeevaart JAD (1995) The GA5 locus of *Arabidopsis thaliana* encodes a multifunctional gibberellin 20- oxidase molecular cloning and functional expression. Proceeding of the national academy of science of the United States of America **92**: 40-44

Yang HQ, Tang RH, Cashmore AR (2001) The signaling mechanism of *Arabidopsis* CRY1 involves direct interaction with COP1. The Plant Cell **13**: 2573-2587

Yang J, Lin R, Sullivan JH, Hoecker U, Liu B, Xu L, Deng X-W, Wang H (2005) Light regulated COP1-mediated degradation of HFR1, a transcription factor essential for light signaling in *Arabidopsis*. The Plant Cell **17**: 804-821

Yokoyama R, Nishitani K (2004) Genomic basis for cell-wall diversity in plants. A comparative approach to gene families in rice and Arabidopsis. Plant Cell Physiology **45**: 1111–1121

Yorio, NC, Mackowiak CL, Wheeler RM, and Sager JC (1995) Vegetative growth of potato under high-pressure sodium, high-pressure sodium SON-Agro, and metal halide lamps. Journal of the American Society of Horticultural Science **30**: 374–376

Yorio NC, Goins GD, Kagie HR, Wheeler RM, Sager JC (2001) Improving spinach, radish, and lettuce growth under red light-emitting diodes (LEDs) with blue light supplementation. Journal of the American Society of Horticultural Science **36**: 380–383

Zeiger, E (1990) Light perception in guard cells. Plant, Cell and Environment, **13**:739–747
Zeiger E, Farquhar GD, Cowan IR (1987) Stomatal function. Stanford University Press, California, **503 p**

Zeiger E, Zhu J (1998) Role of zeaxanthin in blue light photoreception and the modulation of light–CO_2 interactions in guard cells. Journal of Experimental Botany **49**: 433–442

Zenoni S, Reale L, Tornielli GB, Lanfaloni L, Porceddu A, Ferrarini A, Moretti C, Zamboni A, Speghini A, Ferranti F, Pezzotti M (2004) Downregulation of the Petunia hybrida a-expansin gene PhEXP1 reduces the amount of crystalline cellulose in cell walls and leads to phenotypic changes in petal limbs. Plant Cell **16**: 295–308

PUBLICATION

RESEARCH PAPER

Blue light effects on rose photosynthesis and photomorphogenesis

F. Abidi[1,2,4], T. Girault[2], O. Douillet[1], G. Guillemain[1], G. Sintes[1], M. Laffaire[3], H. Ben Ahmed[4], S. Smiti[4], L. Huché-Thélier[1*] & N. Leduc[2*]

1 INRA, Institut de Recherche en Horticulture et Semences, (INRA, Agrocampus-Ouest, Université d'Angers), SFR 4207 QUASAV, F-49071 Beaucouzé, France
2 LUNAM Université d'Angers, Institut de Recherche en Horticulture et Semences (Université d'Angers, Agrocampus-Ouest, INRA), SFR 4207 QUASAV, UFR Sciences, 2 Bd Lavoisier, F-49045, Angers, France
3 Agrocampus-Ouest, Institut de Recherche en Horticulture et Semences (Agrocampus-Ouest, Université d'Angers, INRA), SFR 4207 QUASAV, F-49045, Angers, France
4 Université de Tunis, Campus Universitaire-Université de Tunis El Manar, Tunis, Tunisie

Keywords
Blue light; net CO_2 assimilation; photomorphogenesis; photosynthetic pigments; Rosa; stomatal conductance.

Correspondence
N. Leduc, Université d'Angers, IRHS, UFR Sciences, 2 Bd Lavoisier, F-49045 Angers Cedex, France.
E-mail: nathalie.leduc@univ-angers.fr

Editor
T. Elzenga

*Both authors contributed equally to this work.

Received: 5 October 2011; Accepted: 6 March 2012

doi:10.1111/j.1438-8677.2012.00603.x

ABSTRACT

Through its impact on photosynthesis and morphogenesis, light is the environmental factor that most affects plant architecture. Using light rather than chemicals to manage plant architecture could reduce the impact on the environment. However, the understanding of how light modulates plant architecture is still poor and further research is needed. To address this question, we examined the development of two rose cultivars, *Rosa hybrida* 'Radrazz' and *Rosa chinensis* 'Old Blush', cultivated under two light qualities. Plants were grown from one-node cuttings for 6 weeks under white or blue light at equal photosynthetic efficiencies. While plant development was totally inhibited in darkness, blue light could sustain full development from bud burst until flowering. Blue light reduced the net CO_2 assimilation rate of fully expanded leaves in both cultivars, despite increasing stomatal conductance and intercellular CO_2 concentrations. In 'Radrazz', the reduction in CO_2 assimilation under blue light was related to a decrease in photosynthetic pigment content, while in both cultivars, the chl a/b ratio increased. Surprisingly, blue light could induce the same organogenetic activity of the shoot apical meristem, growth of the metamers and flower development as white light. The normal development of rose plants under blue light reveals the strong adaptive properties of rose plants to their light environment. It also indicates that photomorphogenetic processes can all be triggered by blue wavelengths and that despite a lower assimilation rate, blue light can provide sufficient energy *via* photosynthesis to sustain normal growth and development in roses.

INTRODUCTION

Light is one of the key environmental factors that have a major impact on plant architecture. In terms of light quality, both red and blue light have been shown to alter plant architectural development. Plant response to blue light is less constant than that to red light (Rajapakse & Kelly 1995; Khattak *et al.* 2004) and depends on the species. For example, under blue light, bud burst is stimulated in *Triticum aestivum* (Barnes & Bugbee 1992) and *Prunus cerasifera* (Muleo *et al.* 2001), whereas it is reduced in *Solanum tuberosum* (Wilson *et al.* 1993). Similarly, shoot elongation is increased under blue light in pepper (Brown *et al.* 1995) and cucumber (Piszczek & Glowacka 2008), whereas it is repressed in *Pinus* (Sarala *et al.* 2007) and in *S. tuberosum* (Wilson *et al.* 1993). Even within a single species, plant response to blue light can differ among varieties, as shown in tomato (Glowacka 2006). As an ornamental plant, the rose could benefit from light treatments that could modify its architecture. This could contribute to the production of new plant shapes and improved aesthetic quality (Boumaza *et al.* 2009) or to better control of plant diseases (Gontijo *et al.* 2010). This reasoning has already been applied to other ornamental species such as *Antirrhinum*, *Zinnia* and *Dendranthema* (Rajapakse *et al.* 1992; Cremer *et al.* 1998; McMahon *et al.* 1991; Cerny *et al.* 2003). So far, very few attempts have been made to modulate rose architecture through qualitative light treatments. In the miniature rose (*Rosa hybrida*), assays to reduce plant height using far-red light-absorbing filters failed (Cerny *et al.* 2003), while some success was achieved in increasing stem length and dry weight of *Rosa hybrida* 'Mercedes' shoots by reducing the amount of blue light in the white fluorescent light (Maas & Bakx 1995).

The effects of light on plant architecture can be mediated either through photomorphogenic responses or through the direct impact of light on plant photosynthesis. However, the respective contribution of each process to the elaboration of plant architecture is poorly understood. In photomorphogenic responses, light can affect meristem activity, organ differentiation and growth through control of genetic activities other than those involved in photosynthesis (McIntyre 1987; Benson & Kelly 1990; Brown et al. 1995; Li et al. 2000; Parks et al. 2001; Fukuda et al. 2008). In rose, where we showed that bud burst and shoot meristem organogenic activity are totally inhibited in the absence of light, we demonstrated that blue light was able to induce both of these processes (Girault et al. 2008) and stimulated the transcription of an acid vacuolar invertase gene, required for hexose supply during bud burst (Girault et al. 2010). To date, apart from the above-mentioned studies, no other close examination of the effect of blue light on the components of vegetative and floral developments of rose has been reported.

Concerning photosynthesis, blue light is known to have both positive and negative effects, depending on the dose and duration of the treatment. For example, blue light stimulates photosynthesis by inducing stomatal opening (Sharkey & Raschke 1981; Zeiger & Zhu 1998; Kinoshita et al. 2001), increasing stomatal conductance and intercellular CO_2 concentrations (Karlsson & Assmann 1990), or increases leaf mass area (LMA), nitrogen and chlorophyll content (Hogewoning et al. 2010). Under very high blue irradiance, photosynthetic efficiency can however be reduced through a decrease in mesophyll conductance (Loreto et al. 2009) or by a chloroplast avoidance response that preserves the photosynthetic apparatus from photodamage (Brugnoli & Bjorkman 1992; Wada et al. 2003). Little is known of the mechanisms that allow the adjustment of rose photosynthetic activity to qualitative light conditions. Most research have so far focused on the impact of white light irradiance on rose assimilation rate and plant production (Zieslin & Mor 1990; Maas et al. 1995b; Bredmose 1997). In roses, the photosynthetic rate has been reported as being mainly influenced by PAR (Pasian & Lieth 1994) and modulated by temperature (Ueda et al. 2000; Ushio et al. 2008) and atmospheric CO_2 level (Urban et al. 2002).

In order to understand the respective contribution of photosynthesis and photomorphogenesis on the elaboration of rose architecture, we monitored the effect of blue light throughout the development of plants derived from single node cuttings until the flowering stage in two rose cultivars, Rosa hybrida 'Radrazz' and R. chinensis 'Old Blush'. Photomorphogenic responses to blue light were studied by measuring the main components of vegetative and floral developments of the first- and second-order axes. Photosynthesis during light treatment was assessed through measurement of CO_2 assimilation rate, stomatal conductance, intercellular CO_2 concentration and pigment content.

MATERIAL AND METHODS

Plant material

Metamers (comprising a node bearing a leaf with five or seven leaflets, its axillary bud and the underlying internode) from Rosa hybrida 'Radrazz' (Knock out®) and R. chinensis 'Old Blush' were harvested from the medial part of mother plant stems and used as single-node cuttings. Cuttings were inserted into FERTISS peat plugs (FERTIL, Le Syndicat, France) and rooting was achieved after 4–5 weeks of culture under high humidity. Well-rooted cuttings were transferred into 500-ml pots containing a 70/20/10 mixture (v/v/v) of neutral peat, coco fibre and perlite, and grown in a greenhouse at 25 ± 5 °C. Extra lighting was supplied with high-pressure sodium-vapour lamps below 200 W·m^{-2}. After 4 days of acclimation in the greenhouse, well-rooted cuttings were transferred to growth chambers for the light treatments. Plants were grown until all secondary axes, derived from the first wave of bud burst (Huché-Thélier et al. 2011), had reached the flowering stage 'petal colour visible' (PCV) or stopped their growth without flowering. On primary axes, three flowering stages were considered: (i) the 'flower bud visible' stage (FBV) corresponding to the time at which the floral bud can be seen but the peduncle is not yet fully elongated; (ii) the PCV corresponding to the moment at which the sepals begin to open, revealing the colour of the petals (red for 'Radrazz', pink for 'Old Blush'); and (iii) the 'open flower' (OF) stage corresponding to the time at which stamens are visible.

Climate conditions in growth chambers

Plants were grown in growth chambers under constant conditions (temperature: 25 ± 3 °C; relative humidity: 80 ± 5%; photoperiod: 16-h light/8-h dark) and irrigated with a nutrient solution prepared from fertilizer Peter Exel (1 g·l^{-1}; pH 5.6; EC: 1.77 ms·cm^{-1}). Plants were subjected to white or blue light treatments. White light was produced from white neon tubes (Mastec 36 W, white/33 cool), while blue light was produced with blue neon tubes (Philips TL-D 36 W/18 blue) (Fig. 1). The photosynthetic photon flux density (PPFD) and yield photon flux (YPF) were calculated using the formula of Sager et al. (1988) from the light spectrum measured with a calibrated spectrometer (AvaSpec-2048-6-RM). The photosynthetic efficiency was adjusted to 110 μmol·m^{-2}·s^{-1}, by changing the distance between the plant apex and the light source, and was similar in the two light treatments. The height of the neon tubes was adjusted once every 2 weeks to maintain a constant PPFD at the plant apex level. The characteristics of light treatments are presented in the inset of Fig. 1.

Photosynthetic parameters

Gas exchange measurements

Gas exchange measurements were performed using a portable infrared gas analyser (IRGA; LI-6400; Li-Cor Inc., Lincoln, NE, USA) within a narrow leaf chamber (236 cm^2; LI-6400-11). Stomatal conductance (gs), net CO_2 assimilation (A) and intercellular concentration of CO_2 (Ci) were then monitored under the two light conditions: on plants at the end of the flowering period of the primary axis (OF stage) and in the fully expanded last five-leaflet leaf of this axis.

Pigment analysis

Chlorophyll (a and b) and carotenoid contents were determined spectrophotometrically. Fresh leaf tissue (0.2 g) was extracted in 5 ml 80% acetone at 4 °C for 72 h, as described in Torrecillas et al. (1984). The absorbance of the extract was measured using a UV-visible spectrophotometer (Cary 100 scan) at 470.0, 646.8 and 663.2 nm. Pigment content was calculated according to the equations of Torrecillas et al. (1984):

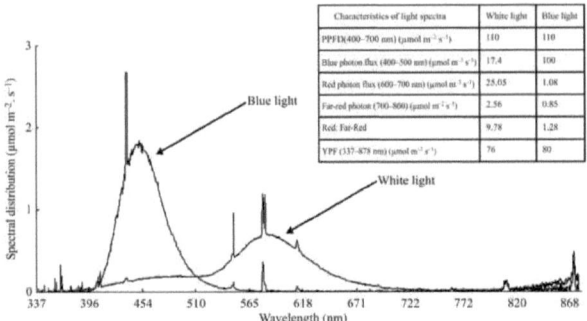

Fig. 1. Distribution of spectral photon fluence rate of the white and blue light treatments.

$$\text{Chl}\,a\,(\text{mg}\,g^{-1}\,\text{FW}) = (12.25 * \text{OD}_{663.2}) - (2.79 * \text{OD}_{646.8})$$

$$\text{Chl}\,b\,(\text{mg}\,g^{-1}\,\text{FW}) = (21.5 * \text{OD}_{646.8}) - (5.1 * \text{OD}_{663.2})$$

$$\text{Carotenoids}\,(\text{mg}\,g^{-1}\,\text{FW}) = 1000 * \text{OD}_{470.0} - (1.82 * \text{Chl}\,a) \\ - (85.02 * \text{Chl}\,b)/198$$

Organogenic activity and bursting of axillary buds

Evaluation of shoot apical meristem (SAM) organogenesis
The number of leaf-like organs (scales, young preformed leaves and leaf primordia) in the buds of the single-node cuttings was evaluated in the two genotypes: on the day of harvest from the mother shoots (T0), upon rooting (T1), just before transfer to light treatment (T2), and at the FBV stage, when the first axes produced after the burst of the single node cutting buds had reached their final length and entered flowering (T3). Buds were dissected under a stereomicroscope and leaf-like organs were removed and counted until only the SAM remained, as described previously (Girault et al. 2008).

Evaluation and cartography of bud burst
An axillary bud was considered as burst when its length was at least 1 cm and when at least the tip of the first leaf was visible outside the scales (Girault et al. 2008). For each cultivar, bud burst on the primary axis was recorded three times a week from the stage where the FBV at the apex of the primary axis until the first wave of secondary axes had flowered.

For cartography, since the two genotypes of rose showed very pronounced leaf polymorphism along the stem, the primary axis could be easily divided into three distinct zones: (i) the basal zone extending from the base of the stem to the first node bearing the first five-leaflet leaf, (ii) the apical zone extending from the node bearing the last apical five-leaflet leaf to the floral bud (not included), (iii) the medial zone including all the metamers located between the basal and the apical zone. In this medial zone, the leaves had between five and seven leaflets. The percentage bud burst was determined for each zone.

Morphological characterisation of primary and secondary axes

Length and diameter
At the end of the experiments, the number of secondary axes with at least three internodes was determined. The length of primary and secondary axes and their stem diameter at 1 cm from the basis of the axis were measured. The leaf sequences (succession of nodes and number of leaflets per leaf) were also recorded.

Mass production and water content (WC)
Fresh (FW) and dry (DW) weight of stems was determined at the end of the experiments. Dry mass was determined after drying for 72 h in a drying oven (60 °C). Linear mass (LM) was calculated using the formula: LM = DW/length of axis. Water content (WC) was calculated using the formula: WC = (FW − DW/FW) * 100.

Leaf area (LA) and leaf mass area (LMA)
Total leaf area and leaf dry mass were measured on each plant at the end of the experiments. Leaf area was determined using ImageJ software (National Institutes of Health, Bethesda, MD, USA) and leaf dry mass was determined after drying for 72 h in an oven (60 °C). Leaf mass area (LMA) was determined using the formula: LMA = leaf dry mass/leaf area.

Statistical analysis

Experiments were replicated at least three times. The number of treated plants in each experiment is stated in the figures. Statistical analyses were carried out using StatBox 6.6 software (Grimmersoft, France). Analyses focused on a comparison using Student's t-test between means measured under blue light and white light. Asterisks (*), (**) and (***) indicate significant differences between light treatments at the 0.05, 0.01 and 0.001 levels, respectively.

Table 1. Effect of light quality on photosynthetic parameters and pigment content in leaves of Rosa hybrida 'Radrazz' and R. chinensis 'Old Blush' after 6 weeks of culture under white light (WL: 110 μmol·m^{-2}·s^{-1}) or blue light (BL: 110 μmol·m^{-2}·s^{-1}).

genotype	'Radrazz'		'Old Blush'	
light treatment	WL	BL	WL	BL
photosynthetic parameters				
CO$_2$ assimilation rate (μmol·m^{-2}·s^{-1})	1.71 (±0.45)	1.27 (±0.35)*	2.87 (±0.89)	1.20 (±0.59)***
stomatal conductance (mmol·H$_2$O·m^{-2}·s^{-1})	115 (±25)	166 (31)***	105 (±37)	178 (±20)**
intercellular CO$_2$ concentration (μmol·CO$_2$·mol^{-1})	383 (±30)	398 (±10)	342 (±25)	392 (±10)***
pigment content (mg g^{-1})				
chlorophyll a	229 (±32)	194 (±25)*	199 (±53)	210 (±51)
chlorophyll b	99 (±15)	67 (±10)**	89 (±18)	80 (±31)
chlorophyll a/b	2.6 (±0.1)	2.9 (±0.2)***	2.2 (±0.5)	2.7 (±0.3)*
carotenoids	32 (±7)	19 (±4)***	43 (±8)	41 (±8)

Values in brackets represent SE with 20 plants. *, ** and ***significant differences between white and blue light treatments at 0.05, 0.01 and 0.001 levels, respectively.

RESULTS

Effect of blue light on photosynthesis in *Rosa*

Under white light, CO$_2$ assimilation (A) of mature leaves from 6-week-old plants of cv. 'Radrazz' and cv. 'Old Blush' was, respectively, 1.71 and 2.87 μmol·CO$_2$·m^{-2}·s^{-1}. When plants were grown under blue light, A dropped significantly to, respectively, 1.27 and 1.20 μmol·CO$_2$·m^{-2}·s^{-1} (Table 1). This was concomitant with a reduction in photosynthetic pigment (chl *a* and *b* and carotenoids) content in 'Radrazz' and with an increase of the chl *a/b* ratio in both cultivars (Table 1). Blue light also increased the stomatal conductance (gs) of leaves of both cultivars (Table 1), as well as the intercellular CO$_2$ content of leaves of 'Old Blush' (Table 1).

Effect of blue light on rose development

Morphological characteristics of the primary axes

While the organogenic activity of SAM in cutting buds was totally inhibited in darkness (data not shown) and as previously demonstrated in beheaded rose plants (Girault *et al.* 2008), white light induced organogenesis in cuttings buds (Table 2). Interestingly, when cuttings were grown under blue light, the same amount of organogenic activity was produced in both cultivars, as shown by the number of foliar organs and internodes on first axes upon growth arrest and flowering (Tables 2 and 3). Growth of these axes was as efficiently stimulated by blue as by white light, since no significant difference was observed in any of the six studied morphological characteristics (diameter and length, number and average length of internodes, linear mass and water content). Blue light also induced the same morphogenetic pattern of development in leaf primordia as similar compound leaves were obtained under both this light quality and under white light, and there was no difference in total leaf area (Table 3) or pattern of leaflet distribution (Fig. 2) compared to white light. The single significant difference was an increase in LMA under blue light in 'Radrazz' (Table 3).

Table 2. Mean number of leaf-like organs (primordia, young leaves and scales) within cutting buds on the day of stem severing (T0), in rooted cuttings (T1), at the beginning of the light treatment (T2) and average number of leaves and scales on the primary axis at the 'floral bud visible' stage (T3) under white light (WL: 110 μmol·m^{-2}·s^{-1}) or blue light (BL: 110 μmol·m^{-2}·s^{-1}) in *Rosa hybrida* 'Radrazz' and *R. chinensis* 'Old Blush'.

stage	T0	T1	T2	T3	
light treatment	WL	WL	WL	WL	BL
Cv. 'Radrazz'	8.2 (±0.8)	9.4 (±0.7)	10.5 (±0.8)	11.4 (±0.8)	11.8 (±0.9)
Cv. 'Old Blush'	8.1 (±0.8)	8.2 (±0.8)	9.3 (±0.9)	10.1 (±0.7)	10.2 (±0.8)

Values in brackets represent SE with n = 40 plants.

Table 3. Effect of light quality on morphological characteristics of the primary axes of *Rosa hybrida* 'Radrazz' and *Rosa chinensis* 'Old Blush' after 6 weeks of culture under white light (WL: 110 μmol·m^{-2}·s^{-1}) or blue light (BL: 110 μmol·m^{-2}·s^{-1}).

genotype	'Radrazz'		'Old Blush'	
light treatment	WL	BL	WL	BL
axis diameter (mm)	3.2 (±0.4)	3.2 (±0.2)	2.8 (±0.2)	2.5 (±0.4)
axis length (mm)	186 (±53)	179 (±75)	176 (±87)	168 (±71)
average number of internodes	11.4 (±0.8)	11.9 (±1.8)	10.0 (±1.6)	10.2 (±1.4)
average length of internodes (mm)	16.0 (±3.4)	14.7 (±4.2)	17.0 (±6.0)	15.8 (±4.7)
linear mass of primary stem (mg·cm^{-1})	17.6 (±4.0)	18.0 (±4.8)	12.5 (±2.4)	11.6 (±2.9)
water content (%)	70 (±3)	68 (±2)	71 (±3)	70 (±1)
leaf area (cm^2)	251 (±52)	215 (±45)	118 (±37)	122 (±35)
leaf mass area (mg·cm^{-2})	3.6 (±0.6)***	4.5 (±0.5)	3.6 (±0.5)	3.5 (±0.6)

Values in brackets represent SE with 40 plants. ***Significant difference between white and blue light treatments at 0.001 level.

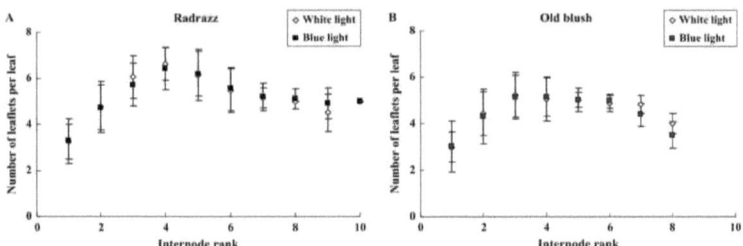

Fig. 2. Effect of light quality on the number of leaflets per leaf along the primary axis of *Rosa hybrida* 'Radrazz' (A) and *R. chinensis* 'Old Blush' (B) after 6 weeks of culture under white light (110 μmol·m^{-2}·s^{-1}) or blue light (110 μmol·m^{-2}·s^{-1}). Only nodes bearing at least one leaflet leaf were considered for the identification of internode rank. Error bars represent SE with n = 40 plants. No significant difference was noted between white and blue light treatments.

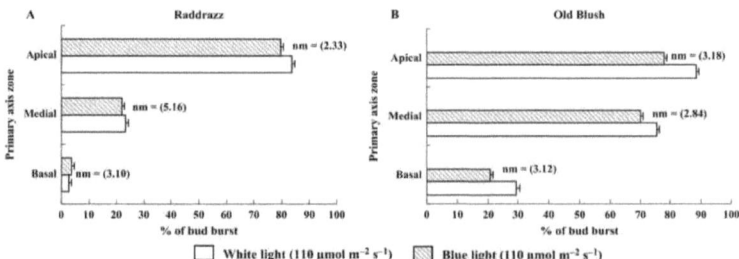

Fig. 3. Bud burst per zone along the primary axis of cultivars *Rosa hybrida* 'Radrazz' (A) and *R. chinensis* 'Old Blush' (B) after 6 weeks of culture under white or blue light. nm = number of buds per zone. Error bars represent SE with n = 40 plants. No significant difference was noted between white and blue light treatments.

Growth and development of secondary axes

Blue light induced the same amount of bud burst on primary axes of 'Radrazz' and 'Old Blush' (24 ± 13%, 46 ± 18%, respectively) as white light (27 ± 9%, 59 ± 18%, respectively), with no change in the cartography of bud burst along the primary axes (Fig. 3). The strong acrotonic bud burst pattern characterising 'Radrazz' under white light was similarly expressed under blue light (Fig. 3). Under blue light, the secondary axes derived from the burst buds were as long and composed of as many internodes as those produced under white light (Table 4).

Flower development

As well as vegetative development, blue light could sustain full reproductive development in both rose cultivars and as efficiently as white light. Hence, there was a similar percentage of flowering axes under both light conditions (Table 5) and normal development of floral organs was observed under blue light in both cultivars (Fig. 4). Only flower peduncles

Table 4. Effect of light quality on morphological characteristics of the secondary axes of *Rosa hybrida* 'Radrazz' and *Rosa chinensis* 'Old Blush' after 6 weeks of culture under white light (WL: 110 μmol·m^{-2}·s^{-1}) or blue light (BL: 110 μmol·m^{-2}·s^{-1}).

genotype	'Radrazz'		'Old Blush'	
light treatment	WL	BL	WL	BL
average number of axes	3.0 (±0.5)	2.9 (±0.5)	5.0 (±0.4)	4.6 (±0.9)
axis length (mm)	107 (±10)	104 (±11)	107 (±24)	122 (±5)
average number of internodes	8.3 (±0.3)	8.0 (±0.6)	7.4 (±0.8)	8.5 (±0.5)
average length of internodes (mm)	13.0 (±0.8)	13.0 (±0.2)	14.1 (±1.6)	14.2 (±1.3)

Values in brackets represent SE with 40 plants. No significant difference was noted between white and blue light treatments.

Table 5. Effect of light quality on percentage flowering of primary axes and on flower characteristics in Rosa hybrida 'Radrazz' and R. chinensis 'Old Blush'.

genotype	'Radrazz'		'Old Blush'	
light treatment	WL	BL	WL	BL
percentage flowering of primary axes	90.8 (±2.3)	90.7 (±6.4)	80.8 (±6.3)	78.6 (±4.6)
flower diameter (mm)	83 (±10)	80 (±8)	57 (±8)	61 (±8)
petal number	9.1 (±1.3)	9.9 (±2.3)	24.3 (±5.7)	27.3 (±8.8)
peduncle length (mm)	49 (±5)***	35 (±5)	70 (±8)***	58 (±7)

Values in brackets represent SE with n = 20 plants. ***Significant difference between white light (WL: 110 μmol·m^{-2}·s^{-1}) and blue light (BL: 110 μmol·m^{-2}·s^{-1}) treatments at 0.001 level.

Fig. 4. Open flowers produced by Rosa hybrida 'Radrazz' (A) and R. chinensis 'Old Blush' (B) plants after 6 weeks of culture under white light (110 μmol·m^{-2}·s^{-1}) or blue light (110 μmol·m^{-2}·s^{-1}).

appeared shorter under blue light (Table 5). Under blue light, and in both cultivars, the rate of floral development was slower by 3 days (Fig. 5).

DISCUSSION

The objective of this study was to measure the effects of blue light on both the photosynthetic activity and morphogenesis of two rose cultivars, R. hybrida 'Radrazz' and R. chinensis 'Old Blush', and to evaluate whether such light treatment could modify plant architecture. Unlike most studies published to date on the impact of blue light on plants (Wilson et al. 1993; Maas et al. 1995a; Sarala et al. 2007), we examined the effects of blue light throughout the full development of the plants, starting from one single bud through to the entire vegetative development of second order axes and their flowering. This allowed precise evaluation of the impact of blue light on the most important morphogenetic events (SAM organogenesis, metamer and leaf growth and development, flower induction and organogenesis). We demonstrated that under blue light, the two rose genotypes had normal and similar vegetative and floral development to those observed under white light. In fact, blue light did not affect organogenetic activity of the SAM or growth capacity of the metamers. Nevertheless, photosynthesis was affected by blue light treatment.

Our measurements indeed revealed a strong reduction (−25% in 'Radrazz' and −58% in 'Old Blush') in leaf CO_2 assimilation in both cultivars under blue light. Since plants were grown under same photosynthetic efficiency (110 μmol·m^{-2}·s^{-1}) in both light treatments, the observed reduction in CO_2 assimilation rate under blue light could not be explained by the reduced photosynthetic quantum yield of blue photons (McCree 1972), nor by a decrease in LMA, stomatal conductance or intercellular CO_2 concentrations under blue light. LMA, which is known to correlate positively with the photosynthetic capacity of leaves (Oguchi et al. 2003), was at least similar ('Old Blush') or higher ('Radrazz') under blue light as under white light. Similarly, blue light stimulated stomatal conductance in both cultivars, as well as intercellular CO_2 concentrations in 'Old Blush', thus reducing stomatal limitation to photosynthesis (Lawson et al. 2008). The increased values of these two parameters (stomatal conductance and intercellular CO_2 concentration) in roses are in accordance with the reported effect of blue light on stomatal opening in other plants (Karlsson & Assmann 1990; Hogewoning et al. 2010). In contrast, the reduction in photosynthetic pigment content (chl a and b, as well as carotenoids) in leaves of 'Radrazz' under blue light could contribute to a decrease in CO_2 assimilation, as found in bean (Barreiro et al. 1992). However, since no such reduction was observed in

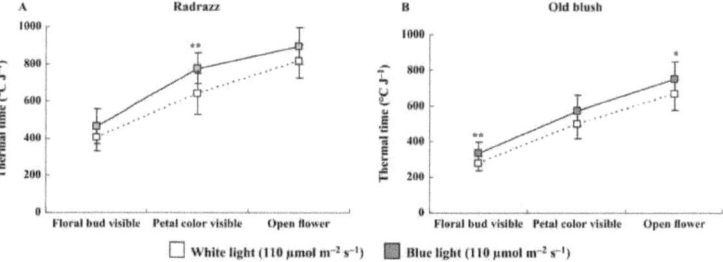

Fig. 5. Thermal time required for the primary axis of Rosa hybrida 'Radrazz' and R. chinensis 'Old Blush' cultivated under white or blue light to reach different flower stages. Error bars represent SE with n = 20 plants. *P = 0.05 and **P = 0.01 indicate significant differences between white and blue light treatments.

'Old Blush', other mechanisms, such as a reduction in mesophyll conductance (Brugnoli & Bjorkman 1992; Flexas et al. 2008; Loreto et al. 2009) or a change in chloroplast distribution (Wada et al. 2003) probably regulated carbon assimilation under blue light in rose.

The reduced CO_2 assimilation rates under blue light had surprisingly little impact on the growth of the two rose cultivars. Features such as shoot or internode length, diameter, dry weights of primary and secondary axes and leaf area were identical under both light treatments. The rate of development was only slowed by 3 days under blue light. Such a lack of effect of reduced assimilation rate on plant growth and biomass has also been reported in *Lindera melissifolia* under increasing irradiance (Aleric & Kirkman 2005). This may reflect modified carbon partitioning between roots and aerial organs (Aleric & Kirkman 2005), although no obvious difference in root system development was observed under either light regime in our rose genotypes (data not shown). Alternatively, it may reflect the impact of other environmental factors affecting our culture system.

The only effect of blue light on growth was observed in 'Radrazz', with an increase in LMA. Such an increase, together with a higher chl *a/b* ratio observed under blue light, may contribute to plant acclimation, as reported for other species under various blue light treatments (Rajapakse & Kelly 1993; Hogewoning et al. 2010; Macedo et al. 2011). The absence of a change in LMA in 'Old Blush' may reflect different strategies of adaptation to this particular light environment and could partly explain the difference in intensity of the impact of blue light on CO_2 assimilation between the two cultivars.

Concerning rose photomorphogenesis, while the absence of light completely abolished morphogenesis and bud burst in rose (Girault et al. 2008), our experiments demonstrate that blue light is able to induce full, normal vegetative and floral development in these same buds. More precisely, our morphometric data show that neither organogenetic activity of the apical shoot and axillary meristems nor the growth capacity of the metamers is affected by blue light. As such, there was a non-significant difference in number of internodes produced by the SAM on the first- and second-order shoots when grown under white or blue light. While most of the first-order shoot internodes were already formed within the cutting bud upon initiation of the light treatments (Table 2), it is striking that a reduced light spectrum, lacking important morphogenetically active wavelengths (MAR; Varlet-Grancher et al. 1993) such as red and far-red light, had no impact on differentiation of the axillary buds on the primary axis, nor on their capacity to produce normal metamers in similar numbers to those under white light. Moreover, the branching pattern along the first-order shoots was not modified by blue light treatment. Observation of the leaves that developed on the axes of both ranks revealed no difference in leaf shape between the two light conditions, and no change in the distribution of the three-, five- and seven-foliate leaves along the axis. Similarly, the SAMs were as efficiently induced to flower and were able to differentiate normal and as many floral organs under blue light as under white light. Even though flower initiation is an autonomous process in *Rosa* (Bredmose & Hansen 1996), which does not require a specific light regime, it is well known that in this plant, unfavourable light conditions such as too low irradiance (Nell & Rasmussen 1979; Maas et al. 1995b) can cause the arrest or abortion of flower buds, leading to blind shoots (Dambre et al. 2000).

Overall, the results indicate that unlike numerous other plants, the development of which is affected by blue light (Mortensen & Stromme 1987; Rajapakse & Kelly 1993; Brown et al. 2000; Li et al. 2000), *Rosa* is capable of quantitatively and qualitatively adjusting the mechanisms that sustain its growth under a modified light spectrum. This reflects the strong adaptive properties of this plant to its light environment. At the molecular level, this suggests that in rose, blue light can trigger all of the photomorphogenic processes induced by white light. For example, sink activity of rose shoot apices, which was shown to be modulated by red light (Mor et al. 1980), was likely induced by blue light in our experiments, since plant development, which requires strong control of sink/source allocations, was identical under both white and blue light conditions. This highlights the redundancy of the light signalling pathways involved in photomorphogenic responses in rose, as previously suggested for bud burst (Girault et al. 2008, 2010), and our results converge well with recent observations on the quintuple phytochrome mutant of *Arabidopsis thaliana*, where exposure to blue light could bypass several developmental arrests related to the lack of red light photomorphogenic signals (Strasser et al. 2010).

Our work thus confirms that blue light photoreceptors, mainly cryptochromes, phytochromes and phototropins (Whitelam & Halliday 2007) play important roles in the regulation of morphogenetic responses to light quality in rose. Their respective roles should be studied further.

ACKNOWLEDGEMENTS

This research was supported in part by INRA Département Environnement-Agronomie and by the Ministère de l'Enseignement Supérieur de Tunisie, through a grant to F. Abidi. C. Bouffard, S. Chalain, B. Dubuc and A. Lebrec are thanked for their help in plant propagation.

REFERENCES

Aleric K.M., Kirkman L.K. (2005) Growth and photosynthetic responses of the federally endangered shrub, *Lindera melissifolia* (Lauraceae), to varied light environments. *American Journal of Botany*, 92, 682–689.

Barnes C., Bugbee B. (1992) Morphological responses of wheat to blue light. *Journal of Plant Physiology*, 139, 339–342.

Barreiro R., Guiamet J.J., Beltrano J., Montaldi E.R. (1992) Regulation of the photosynthetic capacity of primary bean leaves by the red:far-red ratio and photosynthetic photon flux density of incident light. *Journal of Plant Physiology*, 85, 97–101.

Benson J., Kelly J. (1990) Effect of copper sulphate filters on growth of bedding plants. *Scientia Horticulturae*, 25, 1144–1153.

Boumaza R., Demotes-Mainard S., Huché-Thélier L., Guérin V. (2009) Visual characterization of the esthetic quality of the rose bush. *Journal of Sensory Studies*, 24, 774–796.

Bredmose N. (1997) Chronology of three physiological development phases of single-stemmed rose (*Rosa hybrida* L.) plants in response to increment in light quantum integral. *Scientia Horticulturae*, 69, 107–115.

Bredmose N., Hansen J. (1996) Topophysis affects the potential of axillary bud growth, fresh biomass accumulation and specific fresh weight in single-stem roses (*Rosa hybrida* L.). *Annals of Botany*, 78, 215–222.

Brown C.S., Schuerge A.C., Sager J.C. (1995) Growth and photomorphogenesis of pepper plants under red light-emitting diodes with supplemental blue or far-red lighting. *Journal of the American Society for Horticultural Science*, 120, 571–577.

Brugnoli E., Bjorkman O. (1992) Chloroplast movements in leaves: influence on chlorophyll fluorescence and measurements of light-induced absorbance changes related to pH and zeaxanthin formation. *Photosynthesis Research*, 32, 23–35.

Cerny T.A., Faust J.E., Layne D.R., Rajapakse N.C. (2003) Influence of photoselective film and growing season on stem growth and flowering of six plant species. *Journal of the American Society for Horticultural Science*, 128, 486–491.

Cremer F.A., Havelange A., Saedler A., Huijer P. (1998) Environmental control of flowering time in *Antirrhinum majus*. *Journal of Plant Physiology*, 104, 345–350.

Dambre P., Blindeman L., Van Labeke M.C. (2000) Effect of planting density and harvesting method on rose flower production. *Acta Horticulturae*, 513, 129–135.

Flexas J., Ribas-Carbo M., Diaz-Espejo A., Galme S.J., Medrano H. (2008) Mesophyll conductance to CO_2: current knowledge and future prospects. *Plant, Cell and Environment*, 31, 602–621.

Fukuda N., Fujita M., Ohta Y., Sase S., Nishimura S., Ezura H. (2008) Directional blue light irradiation triggers epidermal cell elongation of abaxial side resulting in inhibition of leaf epinasty in geranium under red light condition. *Scientia Horticulturae*, 115, 176–182.

Girault T., Bergougnoux V., Combes D., Viemont J.D., Leduc N. (2008) Light controls shoot meristem organogenic activity and leaf primordia growth during bud burst in *Rosa sp*. *Plant, Cell and Environment*, 31, 1534–1544.

Girault T., Abidi F., Sigogne M., Pelleschi-Travier S., Boumaza R., Sakr S., Leduc N. (2010) Sugars are under light control during bud burst in *Rosa sp*. *Plant, Cell and Environment*, 33, 1339–1350.

Glowacka B. (2006) Response of the tomato (*Lycopersicon esculentum* Mill.) transplant to the daylight supplemented with blue spectrum. *Folia Horticulturae Supplement*, 4, 145–149.

Gontijo L.M., Margolies D.C., Nechols J.R., Cloyd R.A. (2010) Plant architecture, prey distribution and predator release strategy interact to affect foraging efficiency of the predatory mite *Phytoseiulus persimilis* (Acari: Phytoseiidae) on cucumber. *Biological Control*, 53, 136–141.

Hogewoning S.W., Trouwborst G., Maljaars H., Poorter H., Van Ieperen W., Harbinson J. (2010) Blue light dose-response of leaf photosynthesis, morphology, and chemical composition of *Cucumis sativus* grown under different combinations of red and blue light. *Journal of Experimental Botany*, 61, 1–11.

Huché-Thélier L., Boumaza R., Demotes-Mainard S., Canet A., Symoneaux R., Douillet O., Guerin V. (2011) Nitrogen deficiency increases basal branching and modifies the visual quality of rose bushes. *Scientia Horticulturae*, 130, 325–334.

Karlsson F.P., Assmann S.M. (1990) Rapid and specific modulation of stomatal conductance by blue-light in ivy (*Hedera helix*): an approach to assess the stomatal limitation of carbon assimilation. *Journal of Plant Physiology*, 94, 440–447.

Khattak A.M., Pearson S., Johnson C.B. (2004) The effects of far red spectral filters and plant density on the growth and development of chrysanthemum. *Scientia Horticulturae*, 102, 335–341.

Kinoshita T., Doi M., Suetsugu N., Kagawa T., Wada M., Shimazaki K. (2001) Phot1 and phot2 mediate blue light regulation of stomatal opening. *Nature*, 414, 656–660.

Lawson T., Lefebvre S., Baker N.R., Morison J.I.L., Raines C. (2008) Reductions in mesophyll and guard cell photosynthesis impact on the control of stomatal responses to light and CO_2. *Journal of Experimental Botany*, 59, 3609–3619.

Li S., Rajapakse N.C., Young R.E., Oi R. (2000) Growth responses of chrysanthemum and bell pepper transplants to photoselective plastic films. *Scientia Horticulturae*, 84, 215–225.

Loreto F., Tsonev T., Centritto M. (2009) The impact of blue light on leaf mesophyll conductance. *Journal of Experimental Botany*, 60, 2283–2290.

Maas F.M., Bakx E.J. (1995) Effects of light on growth and flowering of *Rosa hybrida* "Mercedes". *Journal of the American Society for Horticultural Science*, 120, 571–576.

Maas F.M., Bakx E.J., Morris D.A. (1995a) Photocontrol of stem elongation and dry weight partitioning in *Phaseolus vulgaris* L. by the blue light content of photosynthetic photon flux. *Journal of Plant Physiology*, 146, 665–671.

Maas F.M., Hofman-Eijer L.B., Hulsteijn K. (1995b) Flower morphogenesis in *Rosa hybrida* 'Mercedes' as studied by cryo-scanning electron and light microscopy. Effects of light and shoot position on a branch. *Annals of Botany*, 75, 199–205.

Macedo A.F., Leal-Costab M.V., Tavaresb E.T., Lagec C.L., Esquibel M.A. (2011) The effect of light quality on leaf production and development of in vitro-cultured plants of *Alternanthera brasiliana* Kuntze. *Environmental and Experimental Botany*, 70, 43–50.

McCree K.J. (1972) Action spectrum, absorbance and quantum yield of photosynthesis in crop plants. *Agricultural Meteorology*, 9, 191–216.

McIntyre G.I. (1987) The role of water in the regulation of plant development. *Canadian Journal of Botany*, 65, 1287–1298.

McMahon M.J., Kelly J.W., Decoteau D.R. (1991) Growth of *Dendranthema grandiflorum* (Ramat.) Kitamura under various spectral filters. *Journal of the American Society for Horticultural Science*, 116, 950–954.

Mor Y., Halevy A.H., Porath D. (1980) Characterization of the light reaction in promoting the mobilizing ability of rose shoot tips. *Journal of Plant Physiology*, 66, 996–1000.

Mortensen L.M., Stromme E. (1987) Effects of light quality on some greenhouse crops. *Scientia Horticulturae*, 33, 27–36.

Muleo R., Morini S., Casano S. (2001) Photoregulation of growth and branching of plum shoots: physiological action of two photosystems. *In vitro Cellular and Developmental Biology*, 37, 609–617.

Nell T.A., Rasmussen H.P. (1979) Blindness in roses: effect of high intensity light and blind shoots prediction techniques. *Journal of the American Society of Horticultural Science*, 104, 21–25.

Oguchi R., Hikosaka K., Hirose T.F. (2003) Does the photosynthetic light-acclimation need change in leaf anatomy? *Plant, Cell and Environment*, 26, 505–512.

Parks B.M., Hoecker U., Spalding E.P. (2001) Light-induced growth promotion by SPA1 counteracts phytochrome-mediated growth inhibition during de-etiolation. *Journal of Plant Physiology*, 126, 1291–1298.

Pasian C.C., Lieth J.H. (1994) Prediction of flowering rose shoot development based on air temperature and thermal units. *Scientia Horticulturae*, 59, 131–145.

Piszczek P., Glowacka B. (2008) Effects of the colour of light on cucumber (*Cucumis sativus* L.). *Seedling Vegetable Crops Research Bulletin*, 68, 71–80.

Rajapakse N.C., Kelly J.W. (1993) Spectral filters influence transpirational water loss in Chrysanthemum. *Scientia Horticulturae*, 28, 999–1001.

Rajapakse N.C., Kelly J.W. (1995) Spectral filters and growing season influence growth and carbohydrate status of chrysanthemum. *Journal of the American Society of Horticultural Science*, 120, 78–83.

Rajapakse N.C., Pollock R.K., McMahon M.J., Kelly J.W., Young R.E. (1992) Interpretation of light quality measurements and plant response in spectral filter research. *Scientia Horticulturae*, 27, 1208–1211.

Sager J.C., Smith W.O., Edwards J.L., Cyr K.L. (1988) Photosynthetic efficiency and phytochrome photoequilibria determination using spectral data. *Transactions of the American Society of Agricultural Engineers*, 316, 1882–1889.

Sarala M., Taulavuori K., Taulavuori E., Karhu J., Laine K. (2007) Elongation of Scots pine seedlings under blue light depletion is independent of etiolation. *Environmental and Experimental Botany*, 60, 340–343.

Sharkey T.D., Raschke K. (1981) Effect of light quality on stomatal opening in leaves of *Xanthium strumarium* L. *Journal of Plant Physiology*, 68, 1170–1174.

Strasser B., Sánchez-Lamas M., Yanovsky M.J., Casal J.J., Cerdán P.D. (2010) *Arabidopsis thaliana* life without phytochromes. *Proceedings of the National Academy of Sciences USA*, 107, 4776–4781.

Torrecillas A., Léon A., Del Amor F., Martinez-Mompean M.C. (1984) Determinacion rapida de chlorofila en discos foliares de limonero. *Fruits*, 38, 55–60.

Ueda Y., Ishihara S., Tomita H., Oda Y. (2000) Photosynthetic response of Japanese rose species *Rosa bracteata* and *Rosa rugosa* to temperature and light. *Scientia Horticulturae*, 84, 365–371.

Urban L., Six S., Barthelemy L., Bearez P. (2002) Effect of elevated CO_2 on leaf water relations, water balance and senescence of cut roses. *Journal of Plant Physiology*, 159, 717–723.

Ushio A., Mae T., Makino A. (2008) Effects of temperature on photosynthesis and plant growth in the assimilation shoots of a rose. *Soil Science and Plant Nutrition*, 54, 253–258.

Varlet-Grancher C., Moulia B., Sinoquet H., Russell G. (1993) Spectral modification of light within plant canopies: how to quantify its effects on the architecture of the plant stand. In: Varlet-Grancher C., Moulia B., Sinoquet H. (Eds), *Crop structure and light microclimate characterisation and applications*. INRA, Versailles, pp 427–451.

Wada M., Kagawa T., Sato Y. (2003) Chloroplast movement. *Annual Review of Plant Biology*, 54, 455–468.

Whitelam G., Halliday K. (2007) *Light and plant development*. Blackwell, Oxford, UK, Vol. 30, 325 pp.

Wilson D.A., Weigel R.C., Wheeler R.M., Sager J.C. (1993) Light spectral quality effects on the growth of potato (*Solanum tuberosum* L.) nodal cuttings in vitro. *In Vitro Cellular and Developmental Biology*, 29, 5–8.

Zeiger E., Zhu J. (1998) Role of zeaxanthin in blue light photoreception and the modulation of light-CO_2 interactions in guard cells. *Journal of Experimental Botany*, 49, 433–442.

Zieslin N., Mor Y. (1990) Light on roses. A review. *Scientia Horticulturae*, 43, 1–14.

Résumé

La forme globale d'une plante ornementale est un des ses critères esthétiques majeurs. Celle-ci est conditionnée par son architecture, en particulier par le débourrement des bourgeons et l'élongation des axes. Les facteurs environnementaux et notamment la lumière, ont un impact fort sur ces deux processus. Manipuler les conditions d'éclairement des jeunes plantes en culture pourrait permettre de produire des plantes de formes innovantes, avec des pratiques respectueuses de l'environnement. Il existe toutefois un déficit important de connaissances sur les mécanismes de régulation du développement des plantes par la lumière. Dans cette thèse, nous avons étudié l'impact de la lumière bleue sur le développement architectural de deux variétés de rosier-buisson en couplant des approches morphologiques, histologiques et moléculaires. Nos résultats montrent que la lumière bleue monochromatique a un effet dépressif sur l'assimilation photosynthétique des rosiers mais induit chez les deux cultivars, une activité organogénétique du méristème, une croissance des métamères et un développement floral similaires à ceux induits par un spectre lumineux complet. Au contraire, la suppression du spectre bleu de la lumière blanche stimule l'élongation des axes d'ordre I chez l'un des cultivars. Cette stimulation résulte de l'augmentation de l'assimilation chlorophyllienne et de l'élongation cellulaire au sein des entre-noeuds. Ce photo-contrôle s'exerce sur l'expression de gènes du métabolisme glucidique et du relâchement pariétal. Notre étude sur mutants de photorécepteurs de pois suggère que le phytochrome B est le photorécepteur majeur impliqué dans cette réponse à la lumière bleue.

Abstract

The global shape of an ornamental plant is one of its major aesthetic criteria. It is controled by its architecture, particularly by bud bursting and shoot elongation. Environmental factors including light have a strong impact on both processes. The management of the lighting conditions during plant culture could help to produce plants with innovative shapes, using environmentally-friendly practices. However, there is a significant lack of knowledge about the mechanisms involved in the regulation of plant development by light. In this thesis, we studied the effect of blue light on the architectural development of two varieties of rose bushes coupling morphological, histological and molecular approaches. Our results show that monochromatic blue light has a depressive effect on the photosynthetic assimilation of roses but induces in both cultivars, same meristem organogenetic activity, internodes growth and floral development than full spectrum light. On the contrary, the removal of blue raies from white light stimulates the elongation of the first order axis in one of the two studied cultivars. This stimulation results from the increase of leaf photosynthetic assimilation and internode cell elongation. This photo-control is exerted on the expression of genes involved in sugar metabolism and cell wall loosening. Our study of photoreceptor mutants in pea suggests that phytochrome B is the major photoreceptor involved in this response to blue light.

Oui, je veux morebooks!

i want morebooks!

Buy your books fast and straightforward online - at one of world's fastest growing online book stores! Environmentally sound due to Print-on-Demand technologies.

Buy your books online at
www.get-morebooks.com

Achetez vos livres en ligne, vite et bien, sur l'une des librairies en ligne les plus performantes au monde!
En protégeant nos ressources et notre environnement grâce à l'impression à la demande.

La librairie en ligne pour acheter plus vite
www.morebooks.fr

VDM Verlagsservicegesellschaft mbH
Heinrich-Böcking-Str. 6-8　　　Telefon: +49 681 3720 174　　　info@vdm-vsg.de
D - 66121 Saarbrücken　　　　Telefax: +49 681 3720 1749　　　www.vdm-vsg.de

Printed by Books on Demand GmbH, Norderstedt / Germany